高等学校
工程管理专业应用型本科规划教材

# 公路工程安全管理

张国志　刘　浪　编著
刘浩学　主审

人民交通出版社股份有限公司
北　京

# 高等学校工程管理专业应用型本科规划教材出版说明

工程管理专业自1998年设置以来，伴随着国民经济及工程建设的迅猛发展，已逐步成熟完善，目前已有近300所院校开设该专业。在这些院校里面，有相当一部分以“应用型”定位为主，各院校结合自身的专业特点，形成了各具特色的教学培养模式。为满足广大“应用型”本科院校的需要，加强特色方向教材的出版，人民交通出版社深入调研，周密组织，在高等学校工程管理专业指导委员会的热情鼓励和悉心指导下，蒙清华大学朱宏亮教授尽心主持，得到了国内近七十余所高校的积极响应，邀请一大批各院校骨干教师参与，由国内一流专家审稿，组织、编写、出版了本套高等学校土建学科工程管理专业应用型本科规划教材。

本套教材以《全国高等学校土建类专业本科教育培养目标和培养方案及主干课程教学基本要求——工程管理专业》为纲，结合专业建设、课程建设和教学改革以及本学科的最新研究成果，设置了技术平台课程、管理平台课程、经济平台课程、法律平台课程，以及工程项目管理方向课程、房地产经营与管理方向课程、投资与造价管理方向课程、公路工程项目管理方向课程，进行了相应的教材开发，供各院校选用。

本套教材以“应用型”定位为出发点，结合教学实际，全面规划成系列开发近50个品种。教材编委会、审稿委员会、编写与审稿人员全力以赴，为打造精品教材做出了不懈努力，希望能够以此推动工程管理专业的教材建设。

本套教材适用于高等学校工程管理专业，各高校独立学院、成人教育学院及网络教育中的工程管理、房地产经营与管理、工程造价等相关专业亦可选用。

**人民交通出版社**

**2006年12月**

# 前　言

本教材是由全国高等学校土建学科工程管理专业教材编写委员会组织编写的，主要供本科院校工程管理专业公路工程管理方向教学使用，也可作为施工单位的技术人员、项目负责人、安全生产管理人员，工程监理单位的监理工程师、建设（开发）单位及建设管理部门相关人员的参考用书。

教材是高等学校传授科学知识、提高素质能力、培养德才兼备高级人才的重要工具。为了适应21世纪人才培养的需要，结合专业建设、课程建设和教学内容、方法改革的需要，编写了公路工程安全管理教材。本教材系统地阐述了建设工程安全管理的基本概念、基本原理、实施程序、实施管理的内容和方法，力求符合教学基本要求和特点、概念准确、原理科学、内容详实、方法简洁，反映国内外安全管理科学技术先进水平。

在认真总结近年来建设工程安全管理实践经验的基础上，本教材以简练而实用的定位为出发点，本着“少而精”的原则，以高等院校建设工程人才培养为目标，以本门课程在人才培养过程中的地位和作用为依据，阐述了学习本门课程所必须获得的基本理论、基本知识、基本技能和方法。

长期以来，我国高等院校工程管理专业、土木工程专业的教学工作未把工程安全管理的教学内容放在应有的地位上，削弱甚至忽略了建设工程安全技术与管理的教育和培养，使建设工程安全技术与管理的教学工作成为了高等学校建设工程类教育教学工作的薄弱环节。

建设工程安全管理是一个系统工程，需运用多种学科的基本理论和方法，研究建设工程生产过程中造成人体伤害的各种因素，从而确保生产人员的安全与健康。分析我国建设工程生产安全事故可知，安全事故的原因涉及到经济、管理、技术等，更涉及到安全教育，包括违章设计、违章指挥、违章作业、无安全技术措施、从业人员素质低、安全生产资金投入不足、安全责任不明确、应急救援措施机制不健全等。建设工程安全管理不仅关系到建设项目的进度、质量和投资效果，更直接关系到人民群众生命和财产的安全，关系到国家经济持续发展和社会稳定的大局。为此，国家和各级建设行政主管部门先后颁布了一系列建设工程安全生产管理的法律法规和规范标准，对规范建设市场参与各方的安全职责，加强建设市场准入资格和从业人员资格管理，强化建设市场和施工现场的安全生产监督管理，提高我国建设工程安全管理的水平起到了重要作用。

本教材由东北林业大学张国志、重庆交通大学刘浪共同编著，全书由张国志统稿。其中第1章、第6章、第7章由张国志编写；第4章、第5章、第8章由刘浪编写；第2章由王海飙编写；第3章由张力滨编写。

本书由长安大学刘浩学教授主审，为本书提供了许多建设性的意见，在此表示衷心感谢。

由于本教材编写者水平有限，难免有疏漏与不足之处，恳请广大专家、学者提出宝贵意见。

编著者

**2006年11月于哈尔滨**

# 学习导言

各位同学，首先欢迎你们进入《公路工程安全管理》课程的学习，我们希望本教材能够帮助你掌握“安全生产”的理念，并在学习中得到更多的启发和乐趣。确保施工安全是建设项目的重要控制目标，确保施工人员人身和财产安全是贯彻落实以人为本的科学发展观的具体体现。作为高等学校土建学科工程管理专业的毕业生，应掌握和熟悉建设工程安全管理的基本概念、基本原理、实施程序、实施管理的内容和方法。

建设工程安全管理是建设领域一门独立的科学，一个建设项目、一个工程是否在安全可控的状态下进行，事关整体建设目标能否实现。长期以来，我国高等院校工程管理专业、土木工程专业的教学工作未把工程安全管理的教学内容放在应有的地位上，削弱甚至忽略了建设工程安全技术与管理的教育和培养，使建设工程安全技术与管理的教学工作成为了高等学校建设工程类教育中的十分薄弱的环节，这是十分不正常也是十分危险的现象。

建设工程安全管理是一个系统工程，需运用多种学科的基本理论和方法，研究建设工程生产过程中造成人体伤害的各种因素，从而确保生产人员的安全与健康。分析我国建设工程生产安全事故可知，安全事故的原因涉及到经济、管理、技术等，更涉及到安全教育，包括违章设计、违章指挥、违章作业、无安全技术措施、从业人员素质低、安全生产资金投入不足、安全责任不明确、应急救援措施机制不健全等。建设工程安全管理不仅关系到建设项目的进度、质量和投资效果，更直接关系到人民群众生命和财产的安全，关系到国家经济持续发展和社会稳定的大局。为此，国家和各级建设行政主管部门先后颁布了一系列建设工程安全生产管理的法律法规和规范标准，对规范建设市场参与各方的安全职责，加强建设市场准入资格和从业人员资格管理，强化建设市场和施工现场的安全生产监督管理，提高我国建设工程安全管理的水平起到了重要作用。而实现安全管理目标的重要环节是使工程技术管理人员具有扎实的安全管理理论知识和高度的安全责任感，培养合格的工程安全管理人才是高等学校义不容辞的责任。

学习本课程前，学生应掌握土木工程的基本设计理论，同时掌握土木工程施工和施工组织设计方面的专业知识。

本门课程中的重要概念和理论、知识难点，也是应该掌握和熟知的重要内容包括：安全生产管理、工程施工安全管理的概念和工程安全管理的原则；工程安全管理的特点和工程安全管理体系；安全管理的基本理论，安全计划的编制与执行；建设工程安全管理的原理和安全生产保证体系的建立和要求；工程安全规划的原则；安全事故的救援规划的制订；工程安全计划的内容及编制方法；安全生产管理的手段；政府部门、工程监理单位、施工单位安全管理的职责和内容；安全生产检查的要求和内容；安全计划实施情况验收和安全计划验证与改进的方法；工程风险的概念、工程风险的确定和评价方法、工程风险的管理方法和环境管理方法；工程安全风险的类别和环境风险的分类；安全事故的预防措施和安全事故的调查处理依据和方法；工程安全事故的分类、特点和主要原因；工程安全事故的调查程序和工程安全事故调查处理报告编写的内容；事故处理结论；不同工程安全事故发生的原因。

与本门课程内容相关的重要网站为国家安全生产监督管理总局网站（www. chinasafety. gov. cn）；相关期刊为《中国公路》杂志和《建筑安全》杂志；相关文献和图书可按本书参考文献目录查阅。

最后，祝同学们能够圆满地完成本课程的学习任务，并能在将来的工作中有所建树。

**编著者**

**2006 年 11 月**

# 目　　录

# 第1章
# 公路工程安全管理概述

**本章概要**

掌握安全生产管理、工程施工安全管理的概念和工程安全管理的原则；熟悉工程安全管理的特点和工程安全管理体系；了解我国和发达国家工程安全管理的特点和经验。

## 1.1 概述

### 1.1.1 工程安全生产管理概念

1. 安全生产与安全生产管理概念

安全，是指生产过程中人员免遭不可承受的危险的伤害。**安全生产**，是指使生产过程在符合物质条件和工作秩序下进行，防止发生人身伤亡和财产损失等生产事故，消除或控制危险、有害因素，保障人身安全与健康，并使设备和设施免受损坏、环境免遭破坏的总称。

安全生产管理，是指针对人们生产过程的安全问题，运用有效的资源，发挥人们的智慧，通过人们的努力，进行有关策划、计划、组织、指挥、控制和协调等活动，实现生产过程中人与机械设备、物料、环境的和谐，达到安全生产的目标。安全生产管理的目标是减少和控制危害、事故，尽量避免生产过程中由于事故所造成的人身伤害、财产损失、环境污染及其他损失。

2. 建设工程施工安全管理概念

建设工程施工安全管理，是指确定建设工程安全生产方针及实施安全生产方针的全部职能及工作内容，并对其工作效果进行评价和改进的系列工作。它包含了建设工程在施工过程中组织安全生产的全部管理活动，即通过对生产要素的过程控制，对生产要素的不安全行为和不安全状态加以控制，达到消除和控制事故、实现安全管理的目标。

建设工程施工安全控制，主要是致力于实现建设工程施工安全生产要求的一系列相关活动。《建设工程项目管理规范》（GB/T 50326—2006）将建设工程项目安全控制定义为："项目经理对建设工程施工项目安全生产进行计划、组织、指挥、协调和监控的一系列活动，从而保证施工中的人身安全、设备安全、结构安全、财产安全和适宜的施工环境。"建设工程施工安全控制是在明确的安全目标条件下，通过行动方案和资源配置的计划、实施、检查和监督来实现预期安全目标的过程。

3.建设工程施工安全管理的监管主体

建设工程施工安全管理的监管主体按实施主体不同，可分为内部监管主体和外部监管主体。内部监管主体是指直接从事建设工程施工安全生产职能的活动者；外部监管主体指对他人施工安全生产能力和效果进行监管的的监管者，主要包括以下几方面。

（1）政府的建设工程安全生产监督管理。政府属于外部监管主体，它主要是以国家法律法规、标准规范为依据，通过建筑施工企业安全生产许可证、施工许可证、工程施工现场安全监督、材料机械和设备准用、安全事故处理、安全生产评价、从业人员资格等环节进行监管的。

（2）工程监理单位的施工安全监理。工程监理单位属于外部监管主体，它主要是受建设单位的委托，根据监理合同及《建设工程安全生产管理条例》等法律法规规定，对工程施工全过程进行安全生产监督和管理。

（3）保险公司的施工安全管理。根据《中华人民共和国建筑法》、《建设工程安全生产管理条例》规定，施工单位应当为施工现场从事危险作业的人员办理意外伤害保险，因此，保险公司应当进行施工安全监管。保险公司属于外部监管主体，它是以保险合同、建设工程安全生产法律法规及标准规范为依据，对施工单位安全生产行为进行事前预控、事中控制及事后的事故评估和处理。

（4）勘察、设计单位的施工安全管理。勘察、设计单位属于内部监管主体，它是以国家法律法规、标准规范及合同为依据，对勘察、设计的整个过程进行安全管理，同时，设计中应当考虑施工安全操作和防护需要，保障施工作业人员人身安全等。

（5）施工单位的施工安全管理。施工单位属于内部监管主体，它是根据国家有关安全生产、建设工程安全生产等法律法规、安全技术标准与规范、工程设计图纸及合同等，对施工准备阶段、施工过程等全过程的施工生产进行管理。

（6）其他参与单位的施工安全管理。其他参与单位，包括提供机械设备和配件的单位、出租单位、安装拆装施工单位等，它们均属于内部监管主体，是根据国家有关安全生产、建设工程安全生产等法律法规、安全技术标准与规范、合同等对施工生产进行管理。

### 1.1.2 工程安全生产管理的特点

1. 产品的固定性导致作业环境局限性

建设产品坐落在一个固定的位置上，导致了必须在有限的场地和空间上集中大量的人力、物资、机具来进行平面和空间的交叉作业，导致作业环境的局限性。因此，容易发生物体打击、跌落等伤亡事故。

2. 露天作业导致作业条件的恶劣性

建设工程施工大多在露天的、空旷的场地上作业，受自然环境、气象条件制约，导致工作环境相当艰苦，容易发生伤亡事故。

3. 体积庞大带来了施工作业高空性

建设产品的体积十分庞大，操作工人大多在十几米、甚至上百米高空上进行高空作业，因此，容易产生高空堕落的伤亡事故。

4. 流动性大、工人整体素质低带来了安全管理难度大

由于建设产品的固定性，当这一产品完成后，施工单位就必须转移到新的施工地点去，施工人员流动性大，整体素质较差，要求安全管理措施必须及时到位，导致工程施工安全管理的难度加大。

5. 手工操作多、体力消耗大、强度高带来了个体劳动保护的艰巨性

在恶劣的作业环境下，施工人员的手工操作多，体能耗费大，劳动时间和劳动强度都比其他行业要大，其职业危害严重，带来了个人劳动保护的艰巨性。

6. 产品多样性、施工工艺多变性要求安全技术与管理措施的保证性

建设产品具有多样性，施工生产工艺复杂多变，如一座桥梁从下部结构、上部结构至竣工验收，各道施工工序均有其不同的特性，其不安全因素各不相同。同时，随着工程建设进度，施工现场的不安全因素也在随时变化，要求施工单位必须针对工程进度和施工现场实际情况不断地及时采取安全技术措施和安全管理措施予以保证。

7. 施工场地狭小造成多工种立体交叉性

高大建筑物和构筑物逐年增多，施工现场用地却又往往不能满足要求，特别是城市市区内，施工场地与施工条件要求的矛盾日益突出，多工种交叉作业增加，导致机械伤害、物体打击事故增多。

8. 拆除工程潜在危险带来作业的不安全性

随着旧城改建，拆除工程数量加大，拆除工程潜在危险大，表现在原建（构）

筑物施工图纸很难找到，或不断加层或改变结构，使原来结构体系受到破坏，带来作业的不安全性，易导致拆除工程倒塌事故的发生。

建设工程施工安全生产的上述特点，决定了施工生产的不安全隐患多存在于高处作业、交叉作业、垂直运输、个体劳动保护以及使用电器工具上，伤亡事故也多发生在高处坠落、物体打击、机械伤害、起重伤害、触电、坍塌及拆除工程倒塌等方面。同时，超高层、新、奇、个性化的建筑产品的出现，给建设工程施工安全带来了新的挑战，也给建设工程施工安全管理和安全防护技术提出了新的要求。

### 1.1.3 工程安全生产责任体系

#### 1. 建设单位的安全责任

建设单位在工程建设中居主导地位，对建设工程的安全生产负有重要责任。包括：建设单位应在工程概算中确定并提供安全作业环境和安全施工措施费用；不得要求勘察、设计、监理、施工等单位违反国家法律法规和强制性标准规定；不得任意压缩合同约定的工期；有义务向施工单位提供工程所需的有关资料；有责任将安全施工措施报送政府有关主管部门备案；应当将拆除工程发包给有工程施工企业资质的施工单位等。

#### 2. 勘察设计单位的安全责任

勘察单位应当按照法律、法规和工程建设强制性标准进行勘察，提供的勘察文件应当真实、准确，满足建设工程安全生产的需要。在勘察作业时，应当严格执行操作规程，采取措施保证各类管线、设施和周边建筑物、构筑物的安全。

设计单位应当按照法律、法规和工程建设强制性标准进行设计，应当考虑施工安全操作和防护的需要，对涉及施工安全的重点部位和环节，在设计文件中应予以注明，并对防范生产安全事故提出指导意见。设计单位应当对采用新结构、新材料、新工艺的建设工程和特殊结构的建设工程，在设计中提出保障施工作业人员安全和预防生产安全事故的措施建议。同时，设计单位和注册建筑师等注册执业人员应当对其设计负责。

#### 3. 工程监理单位的安全责任

工程监理单位应审查施工组织设计的安全技术措施或专项施工安全方案是否符合工程建设强制性标准，若发现存在安全事故隐患，应要求施工单位整改或暂停施工并报告建设单位。施工单位拒不整改或者拒不停工时，应当及时向有关行政主管部门报告。工程监理单位应当按照法律、法规和工程建设强制性标准实施监理，对建设工程安全生产承担监理责任。

4. 施工单位的安全责任

施工单位在建设工程施工安全生产中处于核心地位。《建设工程安全生产管理条例》对施工单位的安全责任做了全面、具体、严格的规定，包括施工单位主要负责人和项目负责人的安全责任、施工总承包和分包单位的安全生产责任等。施工单位必须建立健全的安全生产管理机构和配备专职安全管理工程技术人员，应当在施工前向作业班组和工人作出安全施工技术要求的详细说明；应当对施工中可能对其造成损害的毗邻建筑物、构筑物和地下管线采取专项防护措施；应当向作业人员提供安全防护用具和安全防护服装并书面告知危险岗位操作规程；应对施工现场安全警示标志使用、作业和生活环境等进行管理。

5. 其他参与单位的安全责任

（1）提供机械设备和配件的单位的安全责任。提供机械设备和配件的单位应当按照安全施工的要求配备齐全有效的保险、限位等安全设施和装置。

（2）出租单位的安全责任。出租机械设备和施工机具及配件的单位应当具有生产（制造）许可证、产品合格证；应当对出租的机械设备和施工机具及配件的安全性能进行检测，在签订租赁协议时，应当出具检测合格证明；禁止出租检测不合格的机械设备和施工机具及配件。

（3）拆装单位的安全责任。拆装单位在施工现场安装、拆卸施工起重机械和整体提升脚手架、模板等自升式架设设施，必须具有相应等级的资质。安装、拆卸施工起重机械和整体提升脚手架、模板等自升式架设设施时，拆装单位应当编制拆装方案、制定安全施工措施，并由专业技术人员现场监督完成。施工起重机械和整体提升脚手架、模板等自升式架设设施安装完毕后，安装单位应当自行检查，出具自检合格证明，并向施工单位提供安全使用说明，办理验收手续。

（4）检验检测单位的安全责任。检验检测机构对检测合格的施工起重机械和整体提升脚手架、模板等自升式架设设施，应当出具安全合格证明文件，并对检测结果负责。

## 1.2 工程安全生产管理原则

### 1.2.1 当前我国安全生产管理政策

2004年1月9日国务院颁发了《国务院关于进一步加强安全生产工作的决定》（国发［2004］2号），要求努力构建“政府统一领导、部门依法监管、企业全面负责、群众参与监督、全社会广泛支持”的安全生产工作格局。2004年2月1日国务院颁发了《建设工程安全生产管理条例》，对各方建设主体的安全生产职责和工作内容作出了明确的、严格的规定。

政府行政部门统一领导，是指国务院以及县级以上地方人民政府有关部门对建设工程安全生产进行的综合的专业化的管理，主要是监督有关国家建设工程安全生产法律法规和方针政策的执行情况，预防和纠正违反国家建设工程安全生产法律法规和方针政策的现象。

部门依法监管，是指各级建设行政管理部门要组织贯彻国家关于建设工程安全生产的法律法规和方针政策，依法制定建设行业安全生产的规章制度和标准规范，对建设行业的安全生产工作进行计划、组织、监督检查和考核评价，指导企业搞好建设工程安全生产工作。

企业全面负责，是指施工单位、建设单位、勘察单位、设计单位、工程监理单位及其他与建设工程安全生产有关的单位必须遵守和贯彻执行国家关于安全生产、建设工程安全生产等法律法规和方针政策的规定，建立和落实安全生产管理制度，保证建设工程安全生产，依法承担建设工程安全生产责任。

群众参与监督，是指群众组织和劳动者个人对于建设工程安全生产应负的责任。工会是代表劳动者的主要组织，工会有权对危害职工健康与安全的现象提出意见、进行抵制，有权越级检举和控告，也担负着教育劳动者遵章守纪的责任。群众监督有助于建立企业的安全制度，形成“安全生产，人人有责”的局面。

全社会广泛支持，是指提高全社会的安全意识，形成全社会广泛关注安全、关爱生命的良好氛围。要做好建设工程安全生产管理工作，提高建设行业安全生产管理的水平，必须有政府、生产企业、社会各界的广泛参与，就是要通过全社会的共同努力，提高安全意识，增强防范能力，大幅度地防止和减少安全事故的发生，为我国社会主义经济建设的全面、协调、可持续发展奠定坚实的基础。

### 1.2.2 安全生产管理原则

#### 1.安全生产方针

我国安全生产方针经历了一个从“安全生产”到**“安全第一、预防为主”**的产生和发展的过程，强调在生产中要做好预防工作，尽可能将事故消灭在萌芽状态之中。

“安全第一”是原则也是目标，其从以人为本、珍惜生命、保护和发展生产力的角度，确立了生产与安全的关系，肯定了安全在建设工程生产活动中的重要地位。“安全第一”的方针，就是要求所有参与工程建设的机构和人员，包括管理者和操作人员以及对工程建设活动进行监督管理的人员都必须树立安全的观念，不能为了经济的发展而牺牲安全。当安全与生产发生矛盾时，必须先解决安全问题，在保证安全的前提下从事生产活动，也只有这样才能使生产正常进行，促进经济的发展，保持社会稳定。

“预防为主”是手段也是途径，是指在工程建设活动中，根据工程建设的特点，对不同的生产要素采取相应的管理措施和手段，有效地控制不安全因素的发生和发展，把可能发生的事故消灭在萌芽状态，以保证生产活动中人的安全与健康。

安全与生产的关系是辩证统一的关系，是一个整体。生产必须安全，安全促进生产，不能将二者对立起来。在施工过程中，必须尽一切可能为作业人员创造安全的生产环境和条件，积极消除生产中的不安全因素，防止伤亡事故的发生，使作业人员在安全的条件下进行生产。同时安全工作必须紧紧地围绕生产活动进行，不仅要保障作业人员的生命安全，还要促进生产的发展。离开生产，安全工作就毫无实际意义。

2.安全生产管理原则

(1) 坚持抓生产必须抓安全原则

“抓生产必须抓安全”的原则是指工程项目各级领导和全体员工在生产过程中必须坚持在抓生产的同时抓好安全工作，它体现了安全和生产的统一。生产和安全是一个有机的不可分割的整体，两者不能分割更不能对立起来，必须将安全寓于生产活动的全过程之中。生产必须安全，不安全不容许生产。

(2) 坚持安全具有否决权原则

“安全具有否决权”的原则是指安全生产工作是衡量工程项目管理的一项基本内容，它要求在对工程项目各项指标考核、评价时，首先必须考虑安全指标的完成情况。安全指标没有实现，其他指标即使完成，仍无法实现工程项目的最优化，安全具有一票否决的作用。

(3) 职业安全卫生“三同时”原则

职业安全卫生“三同时”原则是指一切生产性的基本建设和技术改造工程项目，必须符合国家的职业安全卫生方面的法规和标准。职业安全卫生技术措施及设施，作为工程使用功能的重要组成部分，应与建设工程同时设计、同时施工、同时投产使用，以确保工程项目投产后符合职业安全卫生要求。

(4) 事故处理“四不放过”原则

国家法律法规要求，在处理事故时必须坚持和实施“四不放过”原则，即：事故原因未查清不放过；事故责任者和职工群众没受到教育不放过；安全隐患没有整改预防措施不放过；事故责任者不处理不放过。

(5) 坚持抓安全促生产原则

安全寓于生产之中，并对生产发挥促进与保证作用。从安全生产管理的目标、目的出发，安全与生产表现出高度的一致和完全的统一。安全管理是生产管理的重要组成部分，安全与生产的实施过程中，两者存在着密切的联系，存在着进行共同管理的基础。

对于抓生产同时抓安全原则，国务院《关于加强企业生产中安全工作的几项规定》中明确指出："各级领导人员在管理生产的同时，必须负责管理安全工作"，"企业中有关专职机构，都应该在各自业务范围内，对实现安全生产的要求负责"。因此，不仅是对各级领导人员明确了安全管理责任，同时，也向一切与生产有关的机构、人员，明确了业务范围内的安全管理责任。可见，一切与生产有关的机构、人员，都必须参与安全管理，并在管理中承担责任。认为安全管理只是安全部门的事，是一种片面的、错误的认识。各级人员安全生产责任制度的建立，管理责任的落实，体现了抓生产同时抓安全的原则。

（6）坚持目标管理原则

安全管理是对生产的人、物、环境因素状态的管理，能够有效地控制人的不安全行为和物的不安全状态，消除或避免事故的发生，达到保护劳动者的安全与健康的目的。

没有明确目标的安全管理是一种盲目行为。盲目的安全管理，只能劳民伤财，使危险因素继续存在，而且，还会纵容威胁人的安全与健康的状态的存在，并向更为严重的方向发展或转化。

（7）坚持预防为主原则

安全生产的方针是"安全第一，预防为主"。"安全第一"是从保护生产力的角度和高度，表明在生产范围内安全与生产的关系，肯定安全在生产活动中的地位和重要性。进行安全管理是针对生产的特点，对生产因素采取管理措施，有效控制不安全因素的发生与发展，把可能发生的事故消灭在萌芽状态，以保证生产活动中人的安全与健康。

贯彻"预防为主"，首先要端正对生产中不安全因素的认识，端正对消除不安全因素应采取的态度，选准消除不安全因素的时机。在安排与布置工程施工生产内容的时候，针对施工生产中可能出现的危险因素采取措施予以消除是最佳选择。在生产活动过程中，经常检查、及时发现不安全因素，采取必要措施，明确管理责任，完全彻底地予以消除。

（8）坚持全面动态管理原则

安全管理涉及到生产活动全过程的方方面面，涉及到从开工到竣工交付使用的全部生产过程和内容，涉及到全部的生产时间，涉及到一切存在的并变化着的生产因素。影响安全的因素随时间和空间的改变而变化，因此，安全生产活动中必须坚持全员、全过程、全方位、全天候、全时空的全面动态管理。安全管理不是少数人和安全管理机构的事，而是一切与生产有关的人共同的事。缺乏全员的参与，安全管理不会达到目的，不会出现好的管理效果。当然，这并非否定安全管理第一责任人和安全管理机构的作用。生产组织者在安全管理中的作用固然重要，全员性参与管理也十分重要。

（9）坚持全过程控制原则

进行安全管理的目的是预防、消灭事故，防止或消除事故伤害，保护劳动者的安全与健康。在安全管理的主要内容中，虽然都是为了达到安全管理的目的，但是对生产因素状态的控制，即事前控制、事中控制、事后控制，与安全管理目的的关系更直接，显得更为突出。因此，对生产中人的不安全行为和物的不安全状态的控制，必须作为动态的安全管理的重点。事故的发生，是由于人的不安全行为、物的不安全状态而导致的。从事故发生的原理分析，也说明了对生产因素状态的控制，应该作为安全管理的重点，而不能把约束当作安全管理的重点。

（10）坚持持续改进原则

建设工程施工安全管理是在变化着的施工生产活动中的管理，是一种动态管理，意味着其管理的方法、手段、措施也是不断变化的，以适应变化的生产活动，消除新的危险因素，更重要的是不断地发现新问题，摸索新规律，总结管理和控制的办法与经验，持续改进安全管理的方法，指导变化后的安全管理，从而不断提高建设工程施工安全管理水平，取得安全管理的预期效果。

## 1.3 我国建设工程安全生产的状况

### 1.3.1 我国建设工程安全生产的发展历程

#### 1. 我国建设工程安全生产的发展阶段

我国建设工程安全生产的发展，大致可分为六个阶段：“一五”期间；“二五”期间；“三五”至1976年；1976年至1980年；1981年至1990年；1991年至今。

“二五”期间，由于受“大跃进”的影响，建筑业滑坡，建筑业死亡率为万分之5.12；“三五”至1976年，受十年“文革”的影响，建设工程安全生产工作处于停顿、倒退状态，高峰时死亡率达到万分之7.53。

近20年来，我国建筑业从业人员逐年增加，1980年，从业人数达到1044.1万人；20世纪90年代初，从业人数达到2500万人；2003年，从业人数达到3893万人，约占全世界建筑业从业人数的25%，成为世界上最大的行业劳动群体。

#### 2. 我国建设工程安全生产法律法规

我国建设工程安全生产法律法规主要是《建筑法》、《安全生产法》、《建设工程安全生产管理条例》和《安全生产许可证条例》。

《建筑法》于1997年11月1日正式颁布，1998年3月1日起正式施行，共8章85条。其中，共有5章25条有关建筑安全生产管理的规定或涉及到安全的内容，并且第五章“建筑安全生产管理”就安全生产的方针、原则、安全技术措施、安全工作职责与分工、安全教育和事故报告等做出了明确的规定。

《安全生产法》于2002年6月29日正式颁布，2002年11月1日起正式施行，共7章97条。《安全生产法》是我国安全生产领域的综合性基本法，它的颁布实施是我国安全生产监督管理正式纳入法制化管理轨道的重要标志，也是我国为加强安全生产监督管理，防止和减少安全生产事故，保障人民群众生命财产安全所采取的一项具有战略意义、标本兼治的重大措施。

《建设工程安全生产管理条例》于2003年11月24日由国务院第393号令予以公布，2004年2月1日起正式施行。《建设工程安全生产管理条例》确立了有关建设工程安全生产监督管理的基本制度，明确了参与建设活动各方责任主体的安全责任，确保了建设工程参与各方责任主体安全生产利益及生产工人安全与健康的合法权益，为维护建设市场秩序，加强建设工程安全生产监督管理提供了重要的法律依据。它是我国第一部规范建设工程安全生产的行政法规，标志着我国建设工程安全生产管理迈入法制化、规范化的轨道。

《安全生产许可证条例》于2004年1月7日经国务院第397号令予以公布，自2004年1月13日起施行。《安全生产许可证条例》的颁布施行标志着我国依法建立起了安全生产许可制度，其主要内容是：国家对矿山企业、建筑施工企业和危险化学品、烟花爆竹、民用爆破器材生产企业（统称企业）实行安全生产许可制度。企业未取得安全生产许可证的，不得从事生产活动。

此外，国务院建设行政主管部门还陆续颁布了有关建设工程安全生产的重要部门规章和规范性文件，如1995年3月14日交通部发布的《公路工程施工安全技术规程》（JGJ 076—95），2004年7月5日发布的《建筑施工企业安全生产许可证管理规定》（建设部令第128号），2004年12月1日发布的《建筑施工企业安全生产管理机构设置及专职安全生产管理人员配备办法》和《危险性较大工程安全专项施工方案编制及专家论证审查办法》（建质［2004］213号），以及《建筑安全生产监督管理规定》（建设部令第13号）、《建设工程施工现场管理规定》（建设部令第15号）、《实施工程建设强制性标准监督规定》等。

### 3.我国建设工程安全生产监督体系

自1991年7月9日《建筑安全生产监督管理规定》（建设部令第13号）颁发实施以来，据统计，2002年，全国已有24个省、自治区、直辖市成立了建筑安全生产监督机构，24个省会城市和省以下地市县成立了1300多个建筑安全生产监督机构，共8000多人，形成了“横向到边，纵向到底”的安全生产监督管理网络。同时，施工企业建立了以企业法人为第一责任人、分级负责的安全生产责任制，建立健全了企业的安全生产管理机构，配备了专管人员，基本做到了每个施工现场都有专职安全生产管理人员，每个班组都有兼职安全生产管理人员，形成了自上而下、干群结合的安全管理网络。

### 1.3.2 建设工程安全生产存在的主要问题

1. 法律法规不健全、可操作性差

法律法规的不健全和可操作性差，带来政府监管机制不适应市场经济体制要求，未能形成有效的外部监督管理机制的问题。依据我国现行的法律法规，对建设施工企业进行的外部监督管理主要有以下四个方面：第一，建设行政主管部门的行政执法监督管理；第二，针对《建筑法》规定的职工意外伤害保险，由保险单位进行的监督管理；第三，依据《工伤保险条例》（国务院令第375号）对施工单位执行安全卫生规程和标准，预防工伤事故的发生；第四，《建设工程安全生产管理条例》规定由工程监理单位进行的监督管理。上述第一项行政执法监督管理，因长期缺乏专职机构、人员编制和经费以及执法人员整体业务水平不高，难以形成有效的外部监管机制；第二项监督管理，在实际操作过程中，尚未形成由保险单位对施工单位的监督管理；第三项监督管理，属社会保险范畴，但缺乏具体依据和可操作性；第四项监督管理，要形成监督管理机制还需不断完善，要通过法律法规和规范标准等的健全和完善，使之具有较强的可操作性，才能使建设工程安全监理制很好地发挥外部监管功能。因此，法律法规及规范的不健全和可操作性差等，导致了政府监督管理机制不适应市场经济发展要求，未能形成有效的外部监督管理机制。

2. 从业人员整体综合素质低、安全技术水平和管理能力滞后

我国建设工程从业人员农民工居多，占从业人员总数的80%以上，其安全防护意识、操作技能低下。建设行业安全技术与安全管理人员偏少，特别是专职安全生产管理人员就更少。同时，对农民工、工人及安全生产管理人员等的安全教育的执行情况较差，安全培训严重不足。我国建筑业安全生产科技相对落后，科研基金投入不足，安全技术与管理难以满足当前科技含量高、施工难度大和危险性高的建设工程施工安全要求。

3. 安全教育培训不健全

目前，我国土木工程专业、工程管理专业等建筑类高等学校、中等专科学校忽视或削弱了建设工程施工安全技术与安全管理的教育与培养，土木类、工程管理等专业的培养教学计划中几乎都不设置工程安全管理的课程，造成懂工程安全生产知

识、会工程安全生产管理的人才严重不足。施工企业的企业安全生产教育培训，如三级安全教育、安全培训等，流于形式，执行情况很差。

4.从经济角度分析，安全生产资金的投入严重不足

施工企业为建设工程施工安全生产所必需的投入严重不足，特别是安全生产资金的投入。建设工程安全施工需要有符合资质标准的加工对象和能源、动力，成熟的工艺技术及完备的安全保障设施等，这些都必须要投入必要的资金，即构成建设工程施工安全直接成本，同时，建设工程安全施工还需要有监控人员、监测设备等。建设工程施工安全成本包括建设工程施工安全直接成本和建设工程施工安全间接成本。建设工程施工安全成本与安全事故率之间的关系，见图 1-1 所示，当建设工程施工安全成本投入较低时，工程安全事故率就高；反之，建设工程施工安全成本投入较高时，工程安全事故率就较低。建设工程施工安全成本理所当然应计入工程成本，并且施工安全成本应得到补偿。但是，目前我国建设市场，特别是招投标市场管理等尚未规范，建设单位（项目法人或业主）严重压价造成安全生产所必需的投入严重不足。

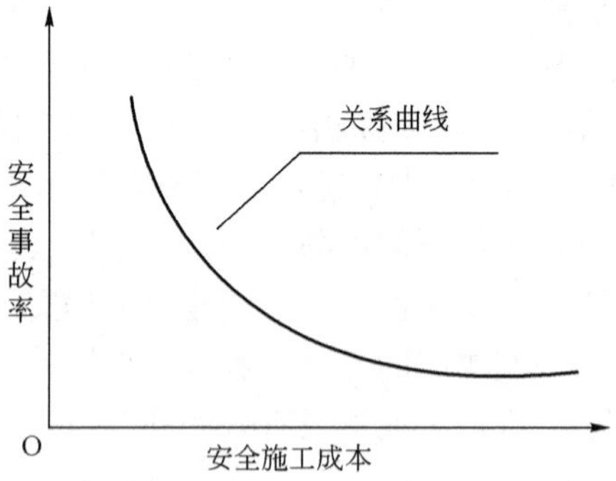


图 1-1　安全成本与安全事故率之间的关系

建设工程行业是高危险、事故多的生产行业，建设工程生产安全事故发生后，往往造成人员的伤亡。据统计，我国 2000 年发生建设工程生产事故 846 起，死亡 987 人；2001 年发生事故 1004 起，死亡 1045 人；2002 年发生事故 1208 起，死亡 1292 人；2003 年发生事故 1278 起，死亡 1512 人；2004 年发生事故 1086 起，死亡 1264 人。从全球范围来看，建筑业的安全事故率都远高于其他生产行业的平均水平，例如 2003 年，全球的重大职业安全事故总数约为 355000 起，其中建筑业安全事故约为 60000 起，占 16.19%，其中，亚洲和太平洋地区的建筑业安全事故约占了全球总数的 68%。另一方面，建设工程生产安全事故也造成了巨大的经济损失，据统计数据，美国建设工程安全事故造成的经济损失已占到总成本的 7.9%，我国每年直接经济损失逾百亿元。

## 1.4 发达国家和地区安全生产的状况

### 1.4.1 美国建设工程安全管理

美国建设工程安全管理属于整个职业安全与健康管理的一部分。1970 年，美国劳工部成立了职业安全与健康局（OSHA）。1996 年，在职业安全与健康局下设立了建筑处，负责建设工程标准的制定与解释、工程技术和咨询服务等。在策略方面，美国把制定“职业安全健康标准”作为职业安全与健康工作的基础与核心，强调根据严谨而详尽的法规标准和技术条例对雇主的活动进行严格的检查和处罚，同时，支持、发展和实施针对预防伤害事故的施工现场安全计划。

美国建设工程安全相关法律属于整个职业安全与健康法律体系的一部分。美国的职业安全与健康法律体系分为三个层次：第一层是基本法，即职业安全与健康法，明确了职业安全与健康的各项基本原则，成立了管理机构体系；第二层是职业安全与健康局制定的严格、细致的各项标准，不仅明确了安全与健康措施的各个细节，而且对各行业应该采取的不同工程安全措施也做了详细规定；第三层是职业安全与健康标准的行动指南。

1.《职业安全与健康法》

1970 年美国颁布的《职业安全与健康法》（OSH Act）是现有职业及建设工程安全法规体系的基础，该法案适用于建筑业、制造业、海运、海洋工业、农业、法律、医药、慈善事业、有机构（项目）的劳动者和私立学校等。但是，它不适用于个体户，不适用于只有家人自己工作的农场以及受其他联邦法律特殊规定的社会成员。其主要内容如下：

（1）职业安全与健康局（OSHA）的检查员通过经常的、不定期的对工作环境的检查，来确保此项法律的贯彻实施。

（2）雇主必须遵守此法律制定的安全健康标准，必须为雇员提供一个没有可能影响健康和引起损伤的工作环境。

（3）雇员在工作中必须遵守所有的安全健康标准、法律、法令和规定。

（4）要求雇主、雇员代表陪同 OSHA 检查官员进行检查。没有雇员代表陪同时，OSHA 检查官员应与一定数量的工人进行讨论，以了解工作地点环境的安全和健康状况。

（5）雇员及其代表有权向附近的 OSHA 办公室揭发存在于工作地点的不安全因素；OSHA 对揭发者的名字和揭发内容保密，法律保护揭发者不受任何歧视和报复。

(6) OSHA 检查官员就在工作场所发现的违法事件发出传讯通知，并要求在规定时间内改正。

(7) 根据不同违法行为内容的性质及后果，每次罚款的最高额度为 50 万美元，并可对雇主判处 6 个月监禁。

(8) 鼓励雇主在受到 OSHA 官员检查前，自觉降低工作场所的危险因素。

(9) 提供免费咨询，雇主在任何时候都可以请求 OSHA 培训官员解决有关健康与安全的疑难技术和法律问题，并可委托其培训。

(10) 应张贴规定的宣传表格。

此外，《职业安全与健康法》赋予了职业安全健康局制定标准的权力。职业安全健康标准中既有属于一般安全与卫生管理原则的规定，又有各行业技术细节的要求，内容完善、覆盖面广。

2. 安全计划

安全计划包括安全与健康计划、培训计划、危险品计划、确保安全使用用电设备的接地计划、急救和急救反应计划、防火及消防安全计划等六项计划。其中，安全与健康计划的内容是：

(1) 公司安全方针（由总经理签发）：员工是公司最宝贵的财富，公司有义务为全体员工提供安全、健康的工作环境，员工和公司共同创造安全环境并遵守相应的法令、法规和纪律，保证对全体员工进行安全培训等。

(2) 指定安全与健康计划的执行人，负责对员工进行培训、组织安全会议、决定是否聘请外部专家、对相应法律规范进行解释、对公司工作场所的安全及健康进行全面检查、对施工管理人员提供安全方面的技术支援以及对安全事件进行调查处理。

(3) 现场的安全管理。

(4) 检查施工现场，对容易出现危险的部位进行重点保护。

(5) 危险的预防与控制。

(6) 培训。

(7) 管理机构的设置。

### 1.4.2 英国建设工程安全管理

在英国，政府安全与健康委员会负责全国安全管理。安全与健康委员会负责对全英建筑业、制造业、农业和服务业等四个重要领域的安全管理，该委员会在全英设有地方部，每个分部下设办事处，配备建筑安全调查员。

英国的职业健康与安全管理的策略是：一是通过健康与安全法律及辅助法规体系，提供一个良好的法律环境；二是通过各种手段鼓励雇员的参与，即安全不仅是雇主和高级管理人员的责任，也是实际参与工作的雇员的责任。英国建设工程安全管理属于职业健康与安全管理体系的一部分。英国的健康与安全体系是在1974年《劳动健康安全法》（HSWAct）基础上发展起来的，其法规体系可分为四个层次：第一层是基本法，即劳动卫生安全法，明确了雇员和其他相关人员的基本安全责任，并且成立了管理机构体系；第二层是行政法规，通过设立标准的形式，明确各行业各企业所应该达到的安全管理目标，但并没有规定为了达到目标而需要采取的措施；第三层是官方批准的实践规范，由各行业自己起草，详细描述并推荐行业中能够达到法律要求的比较好的安全实践形式的各个方面，但并不做硬性要求；第四层是指南和标准，作为雇主采取安全措施时的建议和指导。

1994年英国颁布了《建筑（设计与管理）条例》，它针对安全与健康，重新考虑了业主、计划总监、设计师和承包商应承担的责任和义务，并针对影响工程项目的各个方面、项目立项到交付使用的各个阶段，详细阐述了上述各方的具体责任和义务。

1996年英国颁布了《建筑（健康、安全和福利）条例》，该条例旨在通过对雇主及雇员、影响施工安全与健康的各方责任主体的法律约束，保护建筑工人和可能受工程项目影响的人员的安全与健康。其中，特别强调了两个以上的雇主在同一个施工现场工作时，必须相互确认其各自所承担的责任和义务。

### 1.4.3 德国建设工程安全管理

在德国，建设工程安全管理是由建筑管理部门、劳动保护部门、技术监督部门、行业协会、企业内部安全管理、安全中介服务公司进行的。德国政府建筑管理部门、劳动保护部门、技术监督部门对建设工程安全管理进行政府监督管理，行业协会进行行业自律，施工企业通过内部安全保证体系进行安全管理，安全中介服务公司（安全咨询公司）提供安全服务。行业协会和劳动保护部门还负责对建筑队伍或企业的管理。

1996年，德国联邦议会颁布了新的《劳动保护法》，它是根据欧共体1992年颁布的《劳动保护法》，在德国原有的《劳动保护法》的基础上修订完成的。1998年10月，德国联邦议会授权联邦劳动部颁发了《建筑工地劳动保护条例》，以后陆续发布了该条例的配套细则，在有关细则中明确了协调员的资格条件、职责和工作范围，并由各个州、区、市政府劳动局负责该条例的监督管理。

1. 建筑管理部门

德国联邦建设部统一管理全国的工程建设活动，对地方的建设工作，建设部主要通过制定框架性的规定进行指导，具体实施方法则由各地制定，做到建管分开。德国州（区、市）一级建管局的主要职能是对城市规划、建设项目设计图纸和施工方案，以及对是否影响交通、地下线路和环境保护等问题进行程序性审查。工程开工前，业主必须将设计图纸和施工方案报建管局审查，审查同意后发放建设项目施工许可证。在施工中，建管局要监督工程质量和消防安全，监督检查当中发现违反规定、标准的，可予以停工。

2. 劳动保护部门

德国劳动部门代表国家对包括建筑业企业在内的各行业的安全生产状况进行监督检查。业主在向当地建管局报建的同时，还必须将建设项目以告知的形式通知当地劳动局，否则将被处以罚款。劳动局将对建设项目建成后涉及使用安全的方面进行重点审查，发现其中有不符合《劳动保护法》要求的，就不予审批。此外，还对施工中涉及的个人劳动保护方面，即工人的安全防护情况进行检查，发现违章现象，将对承包商和违章工人各处以罚款。

3. 技术监督部门

在德国，塔吊和运输机械等大型设备必须由技术监督联合会定期进行检测检验。小型施工工具也必须进行定期检测，一般由安全咨询公司进行。如果行业协会检查人员发现施工现场施工机具没有经过检测或使用已超过检测有效期的机具，则予以罚款。

4. 行业协会

各行业都有自己的行业协会，德国目前有建筑、公路、铁路、交通运输等 35 个行业协会，其中建筑行业协会有 8 个大区协会。行业协会的主要工作是拟定本行业的发展规划、制定行业标准、开展工伤保险和科研教育、预防和治理职业病、对安全专业人员进行资格认可、进行事故处理等。德国《劳动保护法》第七条规定，每个企业必须加入所从事业务的行业协会，并缴纳工伤保险金，对安全事故频发的企业提高工伤保险金或进行高额罚款。

5. 企业内部安全管理

按照《劳动保护法》规定，企业有保证员工安全与健康的责任和义务，必须设立劳动保护委员会。企业在组织实施生产任务时，首先要考虑提供先进、安全可靠的技术措施来保护劳动者的安全与健康。企业要对各工作岗位的危险性进行安全评估，分析可能产生的事故隐患，并制定相应的措施加以防范。企业最重视新员工和孕妇的劳动保护工作，并向劳动局书面报告企业员工的劳动保护情况。同时，行业协会规定，企业内部还要设立专职安全管理人员来具体负责安全工作。

6. 安全中介服务公司

安全中介服务公司（安全咨询公司）向企业提供大型设备及施工工具的检测检

验、安全技术、组织管理和人员培训等服务。安全咨询公司一般拥有安全工程师和企业医生。安全工程师必须经劳动局和建筑行业协会考试通过才能获得相应资格，且须具有安全工作经历。

综上所述，德国施工企业安全管理工作的外部监管主要来自两方面：一是工伤保险，施工企业依照《劳动保护法》缴纳的工伤保险，是一种同施工企业安全业绩直接挂钩的强制性保险，将影响到施工企业每年的投保金额；二是重罚机制，德国的事故成本非常高，因安全问题可以对施工企业直接罚款的部门有三个，包括劳动局针对劳动者个人的安全保护的罚款、建管局针对结构安全和消防安全的罚款、行业协会针对工伤保险的罚款。

### 1.4.4 日本建设工程安全管理

日本劳动省安全卫生部负责对职业安全卫生进行综合的政府管理，建设业管理则由建设省、地方建设局和都、道、府、县的建设部负责。建设行政主管部门在受理建设工程后，虽在施工阶段赴工地进行安全检查比较少，但一旦发生事故时必到现场，并作相应的处理，对企业和负责人进行行政处罚、民事赔偿或依法惩处。同时，日本建筑工人的人身意外伤害保险得到了普遍的推行，建设行政主管部门要求企业必须明示，即在工地外侧悬挂“劳动保险关系成立票”，以接受社会的监督。

日本法律法规比较健全，有《劳动安全卫生法》和一批专业法辅助该法实施，如《劳动基准法》、《作业环境测定法》、《劳动者灾害补偿保险法》等。政府还颁发了《劳动安全卫生法施行令》，具体规定了各劳动场所安全的基本要求，制定了相应的标准，如《作业环境测定基准》、《作业环境测定法施行规则》、《建筑业附属寄宿舍规程》和《劳动者灾害补偿保险法施行规则》等，建筑业还有《建设业法》、《建筑基准法》等及其施行规则，由建设省监督执法。

日本建设工程施工安全管理的主要内容如下：

（1）工前的安全活动。每天上班前都有“早礼”活动，进行总的工作安排和安全交底。管理人员讲解一天的工作内容和安全要求后，员工两人一对一相互检查是否带了安全用具和穿戴是否正确。

（2）施工中开展“危险预防”活动，包括“危险预知”活动和“危险预防训练”活动，由作业班长将当天的作业内容、危险事项、对策和措施写在公示板上，向全班成员讲解后，挂在规定的地方。

（3）对分包队伍严格管理。工地办公室都有一块磁性黑板（可卷起来，拉开后可附于铁板上），用于对分包队伍明确规定工作人数，明确工作场所是否动用明火。

（4）个人工种明示。将工地所有人员的名字和工作类别，都用较厚的纸打印塑封插入或粘贴在安全帽上，便于检查其工作是否与身份相称。

(5) 安全设施已做到工具化、定型化、标准化和产业化，零件可通用。此外，加强对施工现场的文明施工管理。

### 1.4.5 我国香港地区建设工程安全管理

1. 香港建筑业及建筑安全现状

建筑业是香港经济的主要支柱之一。在1990～2000年度期间，公营和私营机构在基建发展上的总投资金额约达4000亿港元，在2000～2005年期间，公营和私营机构在基建发展项目上的投资预计达3200亿港元；自1990年起，建筑业在香港国民生产总值中所占的比重介于4.9%与6.0%之间，而在固定资产投资方面则占到40%。建筑业也是香港经济体系中的一大雇主，其所雇用的人数自1995年起持续增加，在1998年达到最高峰，共有近31万人，约占本地整体就业人数的10%左右。香港的建筑业在为香港居民提供更好的居住环境、改善香港的都市面貌、解决就业等问题上成绩卓著，为香港的社会和经济发展作出了巨大的贡献。

香港的建筑业同时又是一个非常危险的行业，伤亡率较本地其他行业高。在过去的多年里，约有20多万人因建筑安全事故受伤，有近700人身亡。2002年，建筑业共发生意外事故6239宗（其中致命意外事故24宗），占所有行业意外事故的27.79%（其中致命事故占所有行业致命意外事故的96%），共有47人丧生，占所有行业丧生人数的22.38%，因而建筑安全事故引起了香港社会公众的广泛关注。香港政府下属的教育统筹局、劳工处职业安全健康局、建造业训练局、公营委托机构以及大学等科研机构在过去十几年里投入了大量的人力物力，积极开展建筑安全管理理论及实践的研究和创新，通过制定法律和行政措施，大大提高了本地建造业的整体安全表现。建筑行业的整体工地意外率由1990年每千名工人353宗下降至2003年的68宗。2004年，建筑业致命意外数目为17人，比2003年下降了32%。香港的目标是：到2008年，香港建造业为建筑工人提供安全的工作环境，安全程度达到世界级水平。

2. 香港建筑工程安全管理

(1) 建筑安全法规

香港的建筑安全立法，最初是从保护儿童和妇女权益的工业安全立法开始的。得益于英国工业安全立法的影响，香港于1922年制定了首部安全卫生法——《工业雇用儿童条例》，这是“工业安全健康法”的开端，也是香港劳动立法进程的里程碑。随后，于1929年制定《工厂雇用妇女、青年工及儿童条例》、1937年制定《工厂及工场条例》。严格地说，《工厂及工场条例》是香港首部工业安全法例，它除了赋予市政局主席权力去执行保护劳动者的职责——保障童工外，还包括机器危险部分的基本条款、呈报工业事故的细则及防火措施等。

从20世纪50年代开始，随着工业的进一步发展，香港政府开始注意监管及推动工业安全工作，集中资源建立安全健康规范，制定基本的安全法规。1955年修订《工厂及工场条例》并改名为《工厂及工业经营条例》。随后，为了确保某些工业安全及健康的需要，香港政府陆续制定了若干特别条例，其中就专门针对建筑施工安全制定了《建筑地盘（安全）条例》，这是香港首部针对建筑工程的安全条例。到目前为止，《工厂及工业经营条例》共有30条附属安全条例与之配套，形成了比较完善的法规体系，为监管工业安全提供了法律依据。

随着20世纪80年代经济和建筑业的迅速发展，《工厂及工业经营条例》及其附属条例已难以发挥其有效地防止工业意外事故的使命，政府察觉到处理工业安全问题需要做出策略上的改变。因此在1989年通过了《工厂及工业经营法修订法案》，将“一般安全责任条款”引入《工厂及工业经营条例》，这是香港工业安全立法的一个突破。一般条款规定：业主或承包商的人士，在工作中应采取合理的谨慎措施，以确保本人及他人的健康安全。违反上述规定即属犯罪，可判处罚款和软禁。这一条款的意义在于突破了以往条例罗列各种操作规程和标准的做法，规定并鼓励雇主及雇员采取所有“合理可行”的安全措施来确保工业安全和建筑安全。

1997年，香港政府通过了《职业安全及健康条例》，这个条例首次将对雇员的工作安全健康保障延伸到非工业行业，这是一个十分全面的条例，基本上包含了建筑地盘在内的所有工作场所。《职业安全及健康条例》的基本原则是预防职业意外和职业病，确保任何人在工作中的安全与健康，制定工作安全和健康措施，改善危险工序装置及物质的安全与健康标准和条件。《职业安全及健康条例》下有两个规例，《职业安全及健康规例》就是其中之一，目的是为了更有效地实施《职业安全及健康条例》，为香港的受雇人士提供了基本的安全及健康保障，有利于促使各行业缔造一个安全及健康的工作环境。至此，《工厂及工业经营条例》和《职业安全及健康条例》成为了香港政府规管职业安全健康的核心法律。当然，其他一些条例（如《雇佣条例》、《雇员补偿条例》）也是保障安全与健康的法律。

为改善建筑地盘的安全表现，香港政府在2003年11月份修订了《建筑地盘（安全）条例》，把施加于总承包商的责任，扩展至控制地盘内任何建筑工程进行方式的其他承包商和次承包商。但是，修订条例不会减轻总承包商确保地盘工作安全和健康的责任。为了配合此项修订，香港政府同时还对《工厂及工业经营（起重机械及起重装置）条例》、《工厂及工业经营（吊船）条例》和《工厂及工业经营（负荷物移动机械）条例》作出相应修订，把总承包商的责任，扩展至在地盘内控制任何涉及使用这些设备或机械的建筑工程进行方式的其他承包商和次承包商。

（2）建筑安全管理机构

香港政府为了确保安全管理的有效运作，除了强化劳工处、环境运输及工务局的职能外，早在1980年，根据《肺尘埃沉着病（补偿）条例》，成立了肺尘埃沉着病（补偿）基金委员会，并于1988年7月通过了《职业安全健康局条例》，成立了独立运作的职业安全健康局。

①劳工处

劳工处是政府执行劳工法规的机构，负责劳工安全与健康方面的全部职能。随着社会不断进步，劳工处定下其工作目标并配合社会要求，逐步提高劳动人口的利益，促进职业安全与健康。劳工处的抱负是成为邻近地区内具领导地位的劳工事务部门；目标是逐步提高劳动人口的利益，并促进职业安全与健康；使命是改善人力资源的运用，提供一系列的就业服务，以配合劳动市场的各种转变和需要。同时，通过立法、教育和推广的工作，确保在职人士的安全与健康得到保障，促进和谐的劳资关系以及改善和保障雇员的权益。

劳工处的工作包括劳资关系、工作安全与健康、就业服务以及雇员权益与福利四个方面。为了加强对工作安全与健康的管理，在劳工处的组织结构中专门设置了直属于劳工处长的职业安全及健康部，主要负责促进和规管工作安全与健康。工作安全与健康纲领的主要宗旨，是透过立法、教育和推广，确保能妥善控制和尽量减少各项危害在职人士安全及健康的因素。具体来说，可通过以下方式达到这个目标：订立保障工作安全及健康的法律架构；进行视察和定期采取行动，确保雇主和雇员遵守《职业安全及健康条例》、《工厂及工业经营条例》、《锅炉及压力容器条例》及其附属条例；调查在工作场所发生的意外及危害职业健康的问题；向雇主、雇员及公众人士提供有关资讯及意见，以促进他们对工作安全及健康的认识；以及筹办推广活动和举办训练课程，借此提高工作人士的安全意识。

劳工处十分重视受伤雇员康复计划。2003年3月，劳工处以试点形式为建筑业因工受伤雇员推行自愿康复计划，目的是向受伤雇员提供适时及切合其伤势的康复护理服务，以协助他们早日康复，保证他们的康复效果更为理想，并让他们在安全的情况下尽快重新投入工作。为了使计划能惠及更多受伤雇员及雇主，劳工处已由2004年11月起，将计划扩展至饮食业、运输业及制造业的工伤个案。

②环境运输及工务局

环境运输及工务局作为政府的直属部门，主要是以政府业主的身份管理政府的公共工程，并对建造业进行检查，制定相关的政策，提供与建筑业和公共工程有关的法律咨询。

该局与安全有关的职能主要有：阐明政府合同中的建设安全政策；阐明工程部的建设安全指南；准备和更新建筑现场安全手册；维护现场事故统计、报告发布和监控承包商执行现场安全措施的数据库；组织和联合组织安全激励活动；对承包商执行安全措施中存在的缺陷进行管制。

环境运输及工务局的工务部门作为政府业主进行政府工程的建设，必须执行劳工处的所有有关安全与健康的规定，对政府工程的安全与健康负责。同时，作为对社会有着重大影响的政府部门，工务部门应该在满足劳工处一般的安全与健康要求之上，自行对公共工程的安全与健康政策作出更高的规定，采取更多的安全管理措施，以达到更高的安全健康水平，对一般的社会工程起到积极的示范作用，以此促进工程建设安全健康事业的发展。比如，为了提高政府工程的安全健康水平，环境运输及工务局把安全事故业绩和承包商的投标资格挂钩，规定：其工程项目发生严重事故者，经聆讯（专门事故分析听证会）决定是否暂停投标资格；其同一工程 6 个月内存在安全违例 5 次或以上者，暂停投标至少 3 个月；停止投标资格的只是针对政府及房屋署工程，私人工程项目不受影响。环境运输及工务局的这种示范作用，将会引导其他私人工程业主采取类似的措施，最终将引起承包商对安全健康问题的重视。

③职业安全健康局

职业安全健康局于 1988 年根据《职业安全健康局条例》成立。作为一个法定机构，职业安全健康局的抱负是致力成为香港卓越的职业安全健康机构，确保香港每一位在职人士均可以在安全及健康的环境下工作。其使命是通过多元化的优质服务，与政府、雇主、雇员和专业及学术团体建立起紧密的伙伴关系，为提高香港的职业安全健康水平而共同努力，具体工作包括青少年的安全教育；在职人士的安全教育；安全从业人员的持续专业发展；在社区层面提高安全意识，建立安全文化；为不同规模的企业提供顾问服务，协助建立良好的安全管理系统；促进安全健康研究，探讨新途径；传播职业安全健康知识；作为资源中心，促进香港、内地和世界各地在职业安全健康事务的合作。

职业安全健康局拥有一支由安全健康专家组成的顾问队伍，为公营及私营机构提供优质的顾问服务。顾问服务范围包括：协助机构制定安全管理系统、提供风险评估及职业卫生监察以及安全稽查等。职业安全健康局受工务局及香港房屋委员会委托，管理一个独立的安全审核计划，专门负责发展及监察安全审核系统，以改善香港的工地安全。职业安全健康局的主要经费来源为雇员补偿保险征款，征款数额是保险金额保费的 2%，征款的对象是所有的雇主，即每一位雇主每年所付出的保费中的 2%抽给职业安全健康局从事其既定的工作，2001 年的总额大约为 4000 万港元。

职业安全健康局与各地的安全健康组织保持紧密联系，确保香港在预防及控制职业意外和疾病上紧随世界步伐。一方面，职业安全健康局先后成为了亚太职业安全健康组织（Asia Pacific Occupational Safety and Health Organizations）、国际社会保障组织（International Social Security Association）、世界卫生组织安全社区支持中心（World Health Organization Affiliate Safe Community Support Centers）等国际组织的成员；另一方面，职业安全健康局和加拿大安大略省工业意外防止协会结盟为姊妹机构，并积极参与推动海峡两岸及香港、澳门地区的职业安全健康交流。

职业安全健康局作为香港主要的职业安全健康训练机构，为各界提供多文化及高质量的训练课程。公开课程分为7大类，并与教育界合作，为中学生制作教材套件，题材包括暑期工安全、用电安全、化学品安全等。香港职业安全健康局委托大专院校及其他机构进行职业安全健康专题研究，同时通过研究基金，鼓励外界针对职业安全健康重要课题进行探讨。

此外，还有建造业训练局、职业训练局、劳工顾问委员会、绿十字会等机构，正是这些机构的相互协作，对香港特区的建筑安全的改善起到了积极的促进作用。

（3）建筑安全管理措施

①采用“自我规管”的安全管理制度

香港政府在1995年7月发表香港工业安全检讨咨询文件，其中一项建议是修改当时的工业安全策略，由着重执法改为推广安全管理。这项检讨重新肯定，工作安全的基本责任是由制造风险和在工作时承受这类风险的人士（即雇主和工人）共同承担，最终目的是让雇主及其工作队伍实行自我规管，这是长远地提高安全标准的关键因素。要达到这个目标，最有效的办法是由政府制定一个法律框架，规定雇主在工作场地采用安全管理制度。政府则通过教育、训练、宣传安全概念使业内人士更加了解他们需要为意外付出的全部代价，以此鼓励他们实行自我监管。推行安全管理制度的建议，在咨询公众期间得到了普遍支持，行政会在1999年1月提出了安全管理制度的立法条例，并在稍后时间通过成为法规。安全管理制度由14项元素组成，依次是：安全政策、安全职责架构、安全训练、内部安全规则、危险情况视察计划、个人防护计划、调查意外事故、为应付紧急事故做好准备、评核、挑选和管控次承包商、安全委员会、评核与工作有关的危险、推行安全和健康意识、控制意外和消除危险的计划、有关保障职业健康的计划。

在安全管理制度下，雇主和雇员会密切参与制定工地安全政策和监察工地安全措施，这可以使所有相关的人具有更强的安全意识，并且有更大的动力去遵守工业安全守则。在工作场地培养安全意识，长远来说可对减少工业意外发挥极大的作用。安全管理制度也可以让个别企业灵活地制定最适合自身的特殊工作环境的安全政策和措施。由于雇主和雇员都参与制定安全管理程序，因此易于作出修订以配合不断改变的情况。长远来看，一个注重自我规管的安全管理制度，在监察和促进安全方面，较传统的执法策略更具有成本效益和管理效果。

②“平安卡”制度

1995年，香港政府对工业安全做出全面检讨，将安全管理焦点从执法改为自我监管的同时，注重对所有建筑工人提供基本的安全训练，协助他们建立工作上的安全习惯。建造业训练局于1996年开始为香港建筑工人设立基本安全训练课程。针对建筑工人而设立的基本安全训练课程的设计原则是：应以一般建筑工人能明白的水平制定；应由非直接聘用工人的第三方独立主持；于课程结束时作出评判，保证资格只给予真正“学习”到有关知识而非纯粹“出席”课堂的工人；必须于每三年进行复修训练，以加强安全意识。根据这个原则，建造业训练局举办“平安卡”课程，目的是为建造业从业人员提供基本的安全知识，加强从业人员的安全观念和意识，鼓励工人工作时采取安全措施。香港特别行政区政府于1999年制定《工厂及工业经营（修订）条例》时，要求每位从事建筑工程的人士都接受有关的安全训练课程。其目的是通过强制性的基本安全训练以加强建筑地盘的工业安全。

“平安卡”制度的实施，为香港的建筑安全带来了初步的成效。1995～1997年期间，工务局及房屋委员会属下的公营地盘（承包商须向地盘工人提供安全训练）每年的工业意外较私营地盘（无须提供安全训练）低78%；建造业训练局1998年第三季度至1999年首季度期间对建造业发生的致命工业意外进行中期评估，发现每40宗致命的建造业意外中，只有2名受害者是“平安卡”持有者；1998～2003年期间，建造业每1000名建筑工人的意外率由247.9人急剧下降至68.1人。公营地盘的安全记录效果显著，主要原因是工人曾获安全训练。“平安卡”制度有效地保证了工人在工作前都能得到相应的培训，提高了工人在安全与健康方面的素质，改善了安全施工状况。为了保证这个制度的执行，并监督建筑公司的行为，劳工处采取不定时抽查的方式对各个公司进行检查。

③工人注册制度

工人注册制度是香港特区目前正在着手建立的一个制度。其主要内容是通过计算机网络系统，建立一个庞大的数据库，将建筑业的所有工人进行注册编号，记录其经考试所评定的技术水平，在意外工伤事故发生后，对工人的伤亡情况等资料进行记录，以方便数据的统计、整理和分析，也有利于工人的管理。通过这种方式，安全事故的呈报就比较方便，遗漏和瞒骗的现象也会减少。

④安全宣传活动

香港政府在安全与健康的宣传方面做了大量的工作。在政府的支持下，香港有关安全的各个部门采取多种形式开展宣传推广活动。一是分发各种各样的小册子，其内容有的是政府下属部门的职能介绍，有的是某个社会团体的介绍，还有的是安全注意事项和简单的危险防范措施介绍；二是张贴宣传海报，主要由职业安全健康局提供，在建筑工地上随处可见；三是开展安全活动，例如，职业健康日活动、职业安全健康周活动、全港职业安全与健康常识问答比赛；四是实施职业安全健康大使计划，在生产和生活中起积极示范作用，达到深入社区传播职业安全健康理念的目的。另外还有其他形式，如与安全有关的电视教育片、音像资料等。这些多种多样的宣传方式大大加强了香港居民的安全意识，在社会上形成了良好的安全与健康舆论环境，对建筑公司重视安全、促进安全起到了非常积极和重要的作用。

⑤工程合同中就建筑安全进行规定

a. 安全计划大纲和安全计划

安全计划大纲是承包商在投标之前编制的，是标书的组成部分。香港政府规定投标者必须呈交安全计划大纲作为投标文件的一部分。该大纲须列出充分资料，清楚地说明就如何达到有效率的安全步骤所做的建议，包括危险评估的提要、拟订立的安全制度和措施大纲，以及实施安全制度和措施的机制，以确保符合安全标准。安全计划是中标后 28 日内制定、承交，承包商根据安全计划大纲和标准合同条款，设计的详细全面的安全目标和措施计划。

b. 安全主任

承包商必须根据工地工人总人数依据规定聘请一定数目的专职安全主任。安全主任必须为根据《工厂及工业经营（安全主任及安全督导员）条例》规定注册的人士，并履行该条例所规定的各项职责。

承包商必须在中标后 28 日内委任出安全主任，此委任须获得监理工程师的同意。未经监理工程师特别书面许可，承包商不得在安全主任到工地前动工。未经监理工程师的同意，承包商也不得更换安全主任。承包商还必须为安全主任提供规定数目的辅助人手。

c. 意外事故报告和安全报告

凡有任何危险事件或导致死亡、严重身体伤害或丧失工作能力 3 天以上的意外，承包商必须立即通知监理工程师代表，并且必须于事件或意外发生后 24 小时内以书面形式提交详尽报告。承包商必须定期向监理工程师提交安全报告。安全报告必须获得承包商方面负责该合同的董事及工地负责人的认可。安全报告必须综合报告一切有关安全与工业健康的事宜，特别是报告期内进行的一切安全检查工作及发生的所有事件、意外（不论严重程度）及几乎发生的意外。

d. 违反安全的责任

如有严重或屡次违反安全计划和法规的情况，监理工程师有权根据合同的规定，要求工地负责人离开工地。承包商或其分包商的任何雇员如严重违反安全条例，将被即时辞退，而且不得再次受雇从事该合同的工作，且不准进入该合同的工地。此类处罚雇员的公告必须张贴在显要位置。

⑥支付安全计划（PFSS）和独立安全稽核计划（1SAS）

支付安全计划（PFSS）和独立安全稽核计划（1SAS）是香港政府工务局为了改善建筑安全而实行的两项制度。支付安全计划的精神就是把工地安全从竞争性的投标制度中分隔出来，其做法是将承包商在工地安全方面的开支（合同价值的2%左右）在工程合同总额中单独列出，该费用不参与投标竞争，当承包商能完成某些指定的工地安全职责时，向承包商发放款项，以作鼓励。安全表现不合格的承包商就不能得到该项安全费用的支付。

同时，引入独立安全稽核计划，以便监察选定合约中承包商的安全管理制度是否完善及制度的实施情况。独立安全稽核计划是指由业主聘请独立的认可安全稽核员，对承包商在工地安全方面的表现，进行独立的安全检查和考核的一种安全管理制度。第一次稽核在开工后3个月内进行，以后约每三个月进行一次，直至完工为止。稽核工作是根据工务局“安全稽核制度”问卷方式进行，而工务局“安全稽核制度”则是根据英国著名的“建筑业健康与安全全面评估”专利制度发展出来的。承包商如果能在稽核中取得一定比例的得分（如70%或以上的得分），便可根据工程量表获得款项，以奖励其执行安全管理制度及维持工地安全；如果承包商得分低于设定得分比例（如70%），便不能获取该款项。另外，如果得分比例过低（如低于60%），有关季度的“承包商表现报告”便自动获评为“不良”。对于承包商来说，这是最严重的惩罚，因为这有可能影响其将来投标的机会。支付安全计划和独立安全稽核计划有密切的联系，支付安全计划以独立安全稽核为基础，即只有在独立稽核合格的基础上，业主才会支付承包商的安全费用；支付安全计划以经济手段促进了独立安全稽核制度的推行。这就要求承包商必须真正重视安全生产，把安全生产的各项措施予以落实，才能获得支付和较好的效益。

3. 香港建筑施工中可借鉴的安全管理思路与模式

香港的建筑施工安全管理，与内地相比，虽然在安全管理对象和安全目标上是相同的，即安全管理对象都是施工作业人员、施工机械设备及施工环境，安全目标都是降低事故发生率、保障施工作业人员的安全和健康，但是在安全管理思路、模式以及方式方法上却有很多先进和实用的地方，值得认真分析、研究。特别是在一些大型的建设项目（如香港新机场建设、广九铁路“西部铁路”项目建设、地下铁路翻新大修等公共工程）中，香港在建筑施工中应用的“先期预防”安全管理的思路与模式得到了很好的应用，并且收到了很好的效果。通过介绍这个模式的具体做法，希望对我们改进安全管理有所借鉴。

（1）“先期预防”的安全目标设定

“先期预防”是安全管理的本质所在，有关的法律法规、规章制度、技术措施、教育培训等等，其目的都是为了预防事故的发生，都属于“先期预防”范畴。在这一点上，香港与内地是相同的。但是，香港对“先期预防”的理解和具体实施的思路却比内地更具有可行性，这在安全目标设定上特别突出地体现出来。以香港新机场建筑施工的安全目标设定为例。香港新机场工程是一个超级大工程，当时预计投资1580亿元港币，由10个互相联系的项目所组成，包括：赤腊角的新机场、34公里的新公路、一条铁路、350平方公里土地开拓及一个新市镇建设。该工程计划雇用2.5万名工人。如此巨大的工程，如此众多的建筑施工人员，安全管理是一个非常重要的问题，也是一个非常棘手的问题。为了保证建筑施工的安全，香港政府于1992年初，即新机场建设之初，就开始研制工程安全管理计划，并向各界建筑安全专家咨询，集合香港及海外重要项目的施工经验。在充分考虑到公共工程的设计及建筑安全问题的情况下，制定出以下安全目标：

①每项机场核心工程计划合同以零致命意外事故为目标。

②每项机场核心工程计划合同，应以每年普通工伤6%作为意外事故发生率的目标。这一安全目标曾参考香港、日本及英国建筑业当时的意外事故率而制定。

③以木匠、屈铁及扎铁工人工伤事故作为防范的重点。因为木匠、屈铁及扎铁工人是出现问题最多的行业，在1993年，他们所占的工时总数为3.8%和1.5%，但他们当中有13%和6%受了伤。

从安全目标中，体现出香港管理者的安全管理思路，即主要集中于对重大恶性死亡事故和多发事故的防范，把事故控制在可接受的范围内。这个思路建立在这样一个基本认识上，即在生产活动中，不可避免地会出现伤害性事故，如果所发生的意外事故率低于正常值，或者基本控制在可接受的范围内，那么所进行的安全管理就是成功的，不能因为一两起事故的发生就否定全部的安全管理。

制定预期安全目标只是第一步，而实现目标，还是要遵循“先期预防”的思路进行，对许多事项预作防范，消除隐患。具体的表现形式，就是采用了比较合理科学的安全管理模式。这个管理模式主要有三部分的内容：一是设立多层次的委员会，承担沟通交流、相互协调等职能；二是对承包商的严格选择，只有那些有良好安全业绩的承包商才能获得合同，从而保证整体工程的安全要求；三是从业主要求和政府安全管理的角度来讲，对能够预见的有可能发生的事故，采取积极的预防措施。

(2) 多层次、多类型的安全委员会

成立多种层次、多种类型的安全委员会，是香港建筑施工中的一个特色。在整个工程的安全管理上和施工单位内部的安全管理上，这种安全委员会都很多。例如在机场核心工程建筑安全管理中，设立有最高层次的安全委员会、各种带有专业性质的安全委员会、施工管理者与作业人员组成的安全委员会等。香港政府就把设立机场核心工程建筑安全管理委员会，作为工程建筑安全管理计划的关键要素之一。

安全委员会主要分为两类，一类属于管理性质，另一类属于沟通协调性质。在香港新机场建设中，设立有以下委员会：

①工程建筑最高安全管理委员会

这个委员会的主要职能是制定安全政策、检查安全标准及监察安全表现。该委员会成员包括所有从制定政策阶层直至工人阶层的有关人士，以便接纳各阶层的见解及经验，并可增强他们对工作的责任。

②安全指导委员会

这个委员会负责政策层面的工作，提供政策指导，对机场核心工程计划的建筑安全问题做出指导。委员会成员包括有关部门的负责人员（各工务部门、劳工处、海事处、消防处及新机场项目联络处），临时机场管理局、地下铁路有限公司（地下铁路）、西区海底隧道有限公司（西隧）及职业安全健康局的代表。

③建筑安全小组委员会

这个委员会由新机场统筹处的助理处长（技术）担任主席，为指导委员会提供技术支持，并作为指导委员会与各工地安全管理委员会之间的联系纽带。小组委员会的成员包括来自工务科、劳工处、消防处、海事处、临时机场管理局、地下铁路及西隧工程的安全专家，负责监察机场核心工程计划合同的高级工地监督人员，以及香港警务处代表，以便就紧急服务提供意见。

④工地安全管理委员会

这个委员会负责工地层面的工作，监察、检查建筑安全的表现。这种委员会不限于一个，而是多个，每项机场核心工程计划合同，即每个大的工地均成立一个。工地安全管理委员会通常由工程师代表担任主席，而其成员为承包商、分包商、公用事业公司的代表及有关政府部门的代表（劳工处、消防处、海事处及香港警务处）。每个工地安全管理委员会均须于每月会议之前进行安全检查。

⑤工地安全委员会

这个委员会在每个大的工地都设置。与工地安全管理委员会的不同之处在于，在这个委员会中，由承包商的管理人员任主席，为承包商及分包商的管理提供一个正式的论坛，与工人一起讨论建筑安全问题。成员包括承包商的安全主任、分包商的安全监督及承包商和分包商的工人及管理人员的代表。

香港的这些安全委员会，就组织结构而言属于松散型结构，并不具有很大的职权，其功能主要是听取意见、业务指导、信息沟通、相互协调。如工地安全委员会，主要作用就是沟通协调，上情下达，下情上传，有利于问题的及时发现、及时解决。目前我们内地的建筑企业安全管理委员会一般只有一级，而且侧重于横向部门之间的联系，缺乏纵向的层级委员会，而且委员会中缺乏一线工人的代表。从道理上讲，大量的事故都发生在班组，都发生在一线作业人员身上，进行安全管理不听取他们的意见、建议，防范事故就很难。香港的这些安全委员会对内地建筑施工的安全管理是一种启发，完全可以学习，尤其是工地安全委员会，更值得推广。

（3）对承包商的选择与监督

工程建设项目主要是由承包商完成的，承包商在建设施工中所形成的安全状况实际上就是整个工程的安全状况，承包商是否能够保障施工过程的安全决定了工程在建设过程中的安全。因此，对承包商的选择与监督，关系重大。有鉴于此，香港的公共建设工程，都特别注意对承包商的选择与监督，这也正是“先期预防”安全管理模式的核心。

①对承包商的选择

香港新机场建筑工程明确规定，必须雇用有良好安全声誉的承包商。这项工作在工程项目投标之前就开始进行。承包商若参加投标，首先必须获得投标资格，而在投标资格审查中对安全声誉的考察是一项重要的内容。参与投标的承包商须提交安全政策声明书及其设立和执行安全政策的程序方法。这一文件由主管工程师评估，该主管工程师在检查投标者的资格前，须对安全问题给予较多的重视。在投标期间，每个投标者均须提交一份安全计划大纲。该计划应包括危险评估摘要、将制定的安全程序及规范大纲，及为确保合同上规定的安全标准所执行的监察方法。

a.香港地铁公司的做法

香港地铁公司在准备对部分铁路设备进行翻新及大修时，制定了一套“承包商安全管理系统”，以选择承包商和管理承包商工程的安全。他们认为，虽然施工安全主要是承包商的责任，但如果承包商发生意外事故，却影响到地铁安全及地铁公司的形象。这套承包商安全管理系统要达到的目标是：

审查承包商，确保他们已建立完备的安全管理组织，并且全力遵守保障安全的承诺；

实施工程安全分级制，确保每项工程都是根据其危险性评分予以安全管理；

只雇用以往表现良好、具备高水平安全管理能力的承包商；

强制承包商呈交相关安全文件（例如安全政策、安全计划、安全施工方法说明）；

安排承包商的工地督导人员参加所需的安全训练及考试，确保所有在工地工作的人员均获得适当训练，了解与营运铁路有关的危险及相关的工作安全系统；

强制承包商遵守法规要求及履行合同上订明的安全标准及规定；

对承包商进行定期安全巡查、审核及安全表现检查；

针对涉及安全的问题实施有效的报告及回应机制，以便持续改善承包商的安全表现。

b.西铁项目部的做法

九广铁路公司所属“西铁”项目部，在具体负责西铁项目的运作和建造时，对承包商采取了更加严格细致的选择。这种选择有一套程序，进行每项程序都有相应的要求，主要包括：

法律及合同规定。西铁项目的每份合同均会明确签订严格的安全标准，有关标准根据法规、工作守则、西铁安全程序及标准而制定。制定有关标准的目的是提高以往项目制定的标准，并确保有关要求符合成本效益及切合实际，在承包商能力所及的范围之内。

工作计划。要成功推行建造安全管理制度，必须编制综合工作计划，满足安全政策的所有规定，指定执行负责人及分配足够资源以达到要求。西铁项目的工作计划分为 4 个阶段：第一阶段：招标前。所有合同均订明严格的安全规定及标准。安全科制订西铁安全程序，向承包商提供安全标准指南。第二阶段：招标期间。在评标的过程中把安全列为重要部分；承包商以往在安全方面的表现及建议的安全管理系统将占总评分的 10%；意外率偏高或建议书内容贫乏的承包商得分较低。第三阶段：执行合同期间。在执行合同期间，西铁项目部将确保：承包商将制定一个详细的安全计划，列明推行其安全管理计划的安排；承包商将进行全面的风险评估，确定施工活动可能引起的潜在风险，并将执行适当的风险管理措施以控制风险，这项风险评估将纳入安全计划及方法守则内；西铁项目部将定期进行安全稽核及密切监察承包商，以确保工程符合安全管理系统的要求；建立明确的安全沟通渠道，包括外部的组织及机构、西铁的承包商及分包商的管理层和职员；举行安全推广活动，以引起员工对安全的关注为重点；为所有员工进行全面的安全训练，至少包括的项目有安全简介课程及重温课程、有关安全事宜的责任、紧急逃生训练、体力处理操作等。第四阶段：完成合同后。合同期间应广泛收集资料，包括意外事故数字、管理层所作的承诺、发出警告通知书的数目、举办的训练课程等等。这些表现数据会作为西铁第二期合同及其他九铁项目招标的考虑因素。

安全计划的落实与展开。切实执行在安全策划阶段中制定的行动计划，这些计划必须清楚界定责任，并有清晰可行的目标。西铁项目的安全目标为：一是承包商必须有理想的安全表现，并将安全管理系统完全融入工作中；二是在合同期间建立和保持理想的安全工地，并确保为工人及公众提供安全的工作环境。西铁项目部的安全指标为零死亡事故、零严重意外事故及意外事故率持续减少。西铁项目部将会通过多个途径监控以上指标的变化，其中包括检查报告、安全警告通知书、意外统计资料和意外报告及调查机制等。

稽核及纠正行动。为评定安全管理系统的有效性，西铁项目部及承包商须每 6 个月接受 1 次安全稽核，稽核将由独立的安全稽核人员进行。稽核结果会作为发放工程费用给承包商的参考。此外，亦会对承包商进行定期的安全巡查；承包商须根据口头警告、改善通知书或停工令的指示，纠正各项不安全情况。同时，建立全面计算机化的意外及事故报告系统，以便收集及整理所有关于意外、事故及危险事件的资料，自动编制所有必要的报告及法规规定的表格，分析数据及编制统计资料。为确保西铁项目部稽核在公开及透明的情况下进行，九铁公司将会编制及派发安全月报、季报及年报。报告内容将会包括工程项目的意外统计，并会分析所有意外、事故及危险事件。

②选择承包商的过程和文件

香港公共工程在承包商的选择上，注意根据工程的安全级别来进行，这样有利于节约成本。其具体做法是：

a. 划分工程安全级别

安全级别是根据施工地点及工作性质（危险）两项标准而定。安全级别的控制要求分为 3 个层次：高层次安全控制要求；中层次安全控制要求；一般层次安全控制要求。施工地点类别的划分是根据工作地点而定，若工程在不同地点进行并涉及一个以上的类别，则会选取要求最严格的施工地点类别。工程类别的划分是根据最可能由施工危险引致的事件（事故或意外）的后果严重程度而定。

b. 招标和标书文件

实施初期，承包商未获得安全级别分类，但业主方面备有一份预准资格的承包商名单，所有合适的承包商均获得合理的投标机会。但至全面实施期，当所有承包商已划分安全级别后，承包商的安全级别必须符合或超过工程的安全级别，才会获准投标。标书文件包括：

一般规格：包括有关工程的安全级别及其安全要求；

特别规格：详列所需文件的提交时间，有关符合安全文件、训练开支及安排等要求才付款的细则；

标准安全计划：用以向承包商展示所需的内容及格式；

安全问卷：用以评估承包商对安全管理的承诺及能力；

训练课程及开支：以确保投标者在报价和规划时已将其列为考虑因素。长远来说（全面实施期），付款的细节会与承包商在施工期间的安全表现挂钩。

根据投标程序，投标者必须呈交标书及所需资料，同时附上一份训练日期程序表。若投标者未能递交一份安全政策的可接受副本，业主方面便有足够的理由拒绝接受其投标申请。业主方面亦会评估投标者的安全问卷，以评定投标者是否有足够能力管理工程中的安全事项，包括编制安全文件和人力资源供应等。在全面实施期间，业主方面会评估承包商所提交的安全计划。

合同签订后，业主方面会要求承包商在合同指定期间呈交所有安全文件。工程计划小组对这些安全文件（安全计划）进行评估，并与适当级别工程的典型安全计划进行比较。承包商还须提交具体的实施方案，工程计划小组如果对其内容感到满意，须向承包商表示同意及核准。

③对承包商的监督管理

对承包商的监督管理是一种动态管理，要求承包商对员工不断地进行安全训练，不断地进行安全检查，循环往复，不断重复。监督管理的主要内容包括以下五个方面：

a. 员工训练及资格识别

业主方面会为承包商确定其督导级或以上员工的训练要求。需要时，部分承包商的员工会接受训练成为“合格人员”，以便负责工地的监督工作。若承包商的员工符合所有训练要求，则退还训练开支，但若承包商员工在第二次考试时仍未能取得及格，则该员工便不能再考取有关的资格。承包商的员工取得合格人员资格后，会得到一张身份证明文件，持证的承包商员工方可进行工作。

b. 监督及巡查

进行施工活动的承包商必须受到监督及定期巡查，同时，承包商也必须根据合同规定巡查所进行的施工活动，并且根据安全计划及一般规格的规定，呈交每月施工状况报告。此外，业主方面会定期进行巡查，以确保承包商的施工安全。在巡查时，督导人员会以核对检查表的方式，查核承包商所进行的各类工地活动及安全表现巡查的准备程度。

c. 事件呈报及审核

承包商须就各种意外及危险情况作出报告，并采取纠正措施。此外，若承建施工期达 6 个月或以上，安全级别属一或二级工程的承包商，须每 6 个月或按专责项目控制监督指定，定期接受安全审核。

d. 安全表现评价

业主方面会采取各种主动和回应式的方法及准则，例如意外发生率及严重程度，或对应检查和审核的结果等，定期评价承包商的安全表现。评价报告会交予承包商签字或提出意见。

e. 评定承包商的安全级别

在全面实施期间，承包商虽已获安全级别评级，但在工程计划进行时，业主方面可在安全表现评价后修订或取消承包商的安全级别评级。

④具体细致的“先期预防”措施

在成立委员会和选择承包商之后，对工程的安全管理并没有结束，还需要按照“先期预防”的管理思路，为实现预定的安全目标制定具体细致的防范措施。

a. 安全管理人员的组织

西铁项目部的安全管理，在组织结构上分为 3 个层次，其组织结构是：成立安全科，由总建筑安全经理带领着3名区域安全经理、2名驻工地工程师（安全主任和安全训练主任）组成并负责；顾问公司须各自聘有1名安全经理，而每个项目最少须由1名安全主任负责；承包商则每家聘有1名安全经理，管理着一组安全主任及安全督导员，数目则视工人人数而定。香港的其他一些建筑工程安全管理的组织结构也是按照这个原则，依据工程建筑合同，来组织安全管理人员。所以，预先制定详细具体的合同，是十分重要的。

b.安全管理计划的实施

依据建筑合同或者书面承诺，安全管理计划的实施主要是确保各方承诺的实现。下面为香港新机场核心工程计划，为确保各方对建筑安全的承诺所采用的一些方法：邀请各工程部门的有关人员及顾问，参加草拟及修订机场核心工程计划安全手册；为各工程部门的管理及工地人员安排安全课程；成立包括有工人代表参加的工地安全委员会；成立包括有公用事业经营者代表参加的工地安全管理委员会；设立机场核心工程计划建筑安全奖，向承包商及其工人推广安全。

c.建筑安全的合同条款

香港新机场核心工程在每项工程合同中均须加上标准条款，规定承包商在工地设立一个有效的安全管理系统，承包商所制定的安全计划必须得到工程主管同意，其内容必须包括下列各项：

由承包商的常务董事签署的安全及健康政策声明书；

承包商的安全健康责任及确保遵守的方法；

工地上工程健康危险的评估及建议的减少危险的措施；

安全人员的组织及权力；

确保分包商遵守安全计划的方法；

应急程序及抢险队伍；

遇上台风及暴雨时的措施；

推广认识安全的方法；

对其工人、监督人员及管理人员提供的安全训练；

确保必要时强制性地运用安全设备的方法；

适用于工程安全及健康各方面的规章及程序。

d.承包商应遵守的具体规定

在工地上雇用安全主任及安全监督，其数目不得少于合同上规定的数目；

授权安全主任及其他安全人员，有权命令其雇员及分包商的雇员停止不安全的操作；

在安全主任及工地主任之间建立一个直接的报告制度；

在所有分包文件中加上有关条款，确保所有分包商遵守安全计划；

为所有工人及监督人员举办半天的就业安全课程；·

通过奖励计划、安全知识竞赛等，推广对安全的认识；

设立一个由承包商及分包商的工人、班组长及管理人员代表所组成的工地安全委员会；

制定一份详尽的检查项目表，以供安全检查之用；

随时展开安全稽核；

解雇任何严重违反安全规章的雇员；

在工地出口附近展示最新的意外统计资料；

当工程在水面或水上进行时，提供一艘专用的救援艇。

e. 为工程监督人员提供训练

鼓励工地的监督人员参加由劳工处举办的意外预防及安全管理课程，及由医疗辅助队举办的急救课程，同时，鼓励他们参加由职业安全健康局、劳工处及其他专业机构举办的安全讲座。此外，委派安全顾问向工地监督人员提供安全训练，以提高他们对建筑安全的知识水平。

f. 建立意外资料库

对于所有因意外而受伤者，承包商的安全主任须填写一份标准受伤报告表，填报内容包括：工人的职业、受伤的性质、受伤的部位、意外类型、意外所涉及的设备及物料，以及有关意外的不安全行为、不安全情况和个人因素。意外资料库有助于对工程合同的安全表现进行统计上的比较。意外率高的合同会受到特别关注。例如，安全管理人员会更频繁地巡视此等工地，而有关的工程部门亦会对管理委员会解释出问题的地方及为改善情况而做出的行动。

g. 可预见的预防措施

香港新机场核心工程计划虽然是一项大工程，但是一些预防措施却具体细致。这些具体措施是以规定的形式出现的，例如：

在偏远地区的工程，均须提供一名注册护士；

除非情况不许可，否则所有工人均须穿着安全鞋；

不得使用超过 110V 的电压，重型设备则除外；

工地内严禁提供含酒精及其他可能会损害判断力的饮料；

倘若在水上或水边工作的人员没有确切的措施以防跌入水中，则须穿着适当的浮力辅助设备；

在暴风雨或台风过后恢复工程之前，采取足够的预防措施。例如，应该在恢复工程之前，清理所有瓦砾，检查所有木结构及竹棚，检验所有设备，以确保其状况良好；

违反安全规定的承包商，可能被暂停投标或降级，甚至在必要时从认可承包商名单上除名。

## 1.5 工程安全管理发展的趋势

### 1.5.1 建立工伤保险和预防相结合的机制

德国和日本在工伤保险和事故预防相结合的机制建设方面取得了显著成效，在促进社会疗养康复事业、对受伤害劳动者的援助事业、劳动灾害预防及促进安全卫生事业以及保障安全生产和改善劳动和生活条件方面取得了很好的效果。因此，我国应该建立工伤保险与事故预防相结合的机制，完善工伤社会保险制度，扩大工伤保险覆盖面。同时，加大推行力度，形成保险机制介入企业安全生产监督活动，根据企业安全生产业绩的优劣，实行浮动保费的市场新机制。严格工伤发生率和职业病危害程度考核，提高事故多发、职业危害严重的生产经营单位的缴纳标准。提取一定比例的工伤保险资金，设立工伤事故预防基金，用于事故预防和安全生产宣传教育。

### 1.5.2 加强对重大危险源和违规行为的监控

重大危险源是安全管理监控的重点。2003 年美国 OSHA 所开展的监察中，56.35％的监察是针对重大危险源的；71.68％的处罚是针对“严重”违规（指违规事实发生前，有很大可能发生死亡或者造成身体的严重伤害，雇主知道或者应该知道这个危害）行为的。因此，可以借鉴美国 OSHA 的做法，加强对重大危险源和“严重”违规行为的监控，加重对“严重”违规行为的处罚，并形成机制，真正做到“预防为主”。要做到这一点，不仅需要完善国家监察制度，而且还需要不断创新安全生产监控方式和手段，形成高效的安全生产监控机制。

### 1.5.3 发挥行业协会和中介机构的作用

在国外，行业协会和中介组织在安全健康管理方面起到十分重要的作用，如日本的建筑安全健康协会（JCSHA）、德国的建筑行业协会等。因此，一方面，我国应该强化行业协会在改善和促进建筑安全健康方面的作用，鼓励行业协会通过标准制定、咨询培训、科技服务等方面的工作提高建筑安全健康水平；另一方面，应该加快安全评价、认证、检测、检验、培训、咨询等安全健康中介组织的建设，充分发挥安全健康中介组织的作用。同时，建立安全健康中介组织的监管机制，加强对安全健康中介组织的监督管理，提高安全健康中介的职业道德水平和服务水平，促进中介服务专业化、社会化、规范化。

### 1.5.4 建立健全企业安全管理制度

促使企业建立自我约束的安全管理制度就是鼓励企业进行“自我规管”。我国香港特别行政区和日本的做法值得我们借鉴。我国香港的做法是通过法规的形式，要求承包商采取安全管理制度，具有强制性特征。日本的建筑业职业健康安全管理制度（COHSMS）虽然不具有强制性，但是其特别之处在于专门为建筑业编写并分别给总公司、分公司及项目现场提出各项基本要求的指引项目，COHSMS 能够把总公司、分公司以及项目现场联结成为一个有机的整体，做到施工安全整体持续改进。我国虽然也专门针对建筑业制定了《建筑企业职业安全健康管理体系实施指南》，但是它的可操作性没有日本的 COHSMS 强，不利于推广使用。在此，可以考虑把我国香港和日本的做法综合起来，在我国推动建筑业进行“自我规管”。一方面，借鉴香港的做法，针对建筑企业及工程项目制定若干安全健康管理制度元素，并通过法规形式强制建筑企业及工程项目实施这些安全健康管理制度元素。这对提高中小建筑企业的安全健康管理能力将起到很大促进作用，也有利于为总承包商与专业分包商建立一个统一的安全健康管理标准，加强他们之间的协作。另一方面，借鉴日本的做法，完善《建筑企业职业安全健康管理体系实施指南》，充分考虑总公司、分公司以及工程项目之间的融合。在这两种做法中，前一种做法主要是满足法规的要求，有利于中小企业的“自我规管”；后一种做法比前一种做法要求更高一些，是充分考虑到企业自身发展的需要。

过去，我们倾向于从结果来评价承包商的社会声誉和安全活动成果，也就是说，仅仅通过事故的发生来评价承包商。然而，没有发生事故的承包商并不意味着其拥有完善的安全管理制度，因此，今后对承包商的评价不仅要考虑“承包商是否发生安全事故”，还要考虑“承包商是否致力于日常的安全健康管理和活动”，也就是把结果评价和过程评价结合起来。通过过程评价，促使承包商建立自我约束的安全管理制度。

## 复习思考题

1. 什么是安全管理和工程安全管理？
2. 试述工程安全管理的特点。
3. 试述工程施工安全管理的原则。
4. 试述发达国家工程施工安全管理的做法。

# 第2章
# 公路建设工程安全管理原理

**本章概要**

掌握安全管理的基本理论；掌握安全计划的编制与执行；熟悉建设工程安全管理的原理和安全生产保证体系的建立和要求；了解安全管理科学的发展历程。

## 2.1 现代安全管理概述

### 2.1.1 安全科学

1. 安全科学概述

**安全科学**是研究人的身心免受外界危害因素的安全（含健康）状态及保障条件的本质及其变化规律的科学。安全科学的研究目标是将技术应用过程中所发生损害的可能性或者损害的后果控制在绝对最低限度内，或者至少使其保持在可容许的限度内。

根据国内外科学体系的分类方法，安全科学作为一门新兴学科，具有丰富的内涵和重要的作用，安全科学拥有相对独立的知识体系和科学理论，具有广阔的发展空间。

安全科学将安全中不相关联的因素分析为一系列影响安全的关系链，研究其运动规律并加以有效控制和预防。保护人的身心安全和健康就是保护人的生命和权益。安全发展的目的就是保护人的安全与健康，建立安全、和谐、健康的环境。

当然，安全是以人的身心安全与健康作为对象，以人作为控制的主体。安全科学研究所涉及的行业及空间应该是多领域的范畴，包含有生产、生活环境，包括陆地、海洋等空间场所。所以，安全科学具有极为广泛的研究内涵。

2. 安全科学理论的发展

安全科学理论体系的发展具有一系列的发展历程，其中有具有代表性的三个阶段：从工业社会到20世纪50年代主要发展了事故学理论；20世纪50年代到80年代发展了危险分析与风险控制理论；从20世纪90年代以来，现代的安全科学原理得到逐渐发展，并处于完善和发展的过程中。

(1) 事故学理论

20世纪30年代，美国著名的安全工程师海因里希发表了事故致因理论的研究成果，并以此奠定了事故学理论的基础。事故学理论结束了以往对安全防范无能为力的历史，为世界工业发展和社会进步的安全管理做出了重要贡献。

事故学的理论对于研究事故发生的规律、揭示事故的本质、认识事故的内在因素，从而指导和预防事故的发生具有较为重要的意义。事故学的理论在长期事故处理和管理工作中逐渐得到发展完善，并在事故预防方面起到重要作用。同时通过对事故的避免，也大大保障了人类的生活、生产，是社会发展和进步中安全管理的重要依据。当然，由于事故学原理的特殊研究环境，对于事故发生后的研究较多，在安全管理中不能全面满足社会生产的快速发展，距离现代化的安全生产要求存在一定的差距。

(2) 风险控制理论

20世纪50年代，建立了以安全系统工程、安全人机工程、风险分析与安全评价等理论为基础的风险控制理论方法。风险控制理论跨越了发生事故后方再进行研究分析的历史，是对事故学理论的发展和升华。

风险控制理论具有较好的事故控制超前性，通过分析总结和研究，在原有控制方法上建立了比原有理论更为有效的对策和方法，例如建立的安全评价、危险分析、危险评价等基本方法。风险控制理论主要从事故的原因和出现的结果出发，对于事故前的控制提出安全管理和控制，降低了事故的发生频率，提高了事故预防的效果。但风险控制理论在安全科学理论中主要侧重于理论上的研究分析，对于实践的工程安全控制还需要有较大的衔接和协调工作，因此还有待进一步完善。

(3) 安全科学原理

20世纪80年代，安全科学的理论不断地发展，建立了以安全科学为代表的理论体系。安全科学原理研究和分析事物内在的、本质的规律，能够在社会发展和生产中安全管理方面起到了极为重要的作用。

安全科学原理要求从系统的本质出发，形成全面、完整、综合的安全科学方法论。其内容有：研究人的本质安全，不但提高人类的安全知识素质，而且有利于安全文化建设；研究物和环境的本质安全化，即采用先进的安全科学技术，使用、控制高性能安全技术；研究人-物-能量-信息的安全系统论、安全控制理论和安全信息论等现代工业原理；研究工程现场安全管理中的同时设计、同时施工、同时竣工验收的“三同时”原则和要求；研究安全生产的同步规划、同步发展、同步实施的原则；研究在安全管理中推行的安全目标管理、风险管理、安全评价、可行性分析理论、危害辨识等安全系统科学方法。

### 2.1.2 安全管理科学

1.安全管理科学

安全管理科学是安全技术体系中重要的学科分支，包含有事故管理、劳动保护管理、风险分析、工业灾害控制等分支学科内容。安全管理科学不是固定内容的学科，而是随着社会的发展而不断发展和完善的新兴学科，安全管理科学建立了人类预防事故“三大对策”理念：安全工程技术对策、安全教育对策和安全管理对策。对于预防各种意外事故和灾难的发生、减轻灾害对人类社会发展的影响，具有重要的作用。

2.安全管理科学的发展

安全管理科学具有自身显著的特点，且有着自身的发展过程。只有从它的内在因素上寻找其自身的发展方向，并通过大量的工程实践和科学研究，不断完善、不断发展，才会使安全科学管理沿着正确的轨道不断前进和健康发展。

（1）从早期的事后管理发展到预防管理

早期，人们往往从发生的工程事故中进行总结，找出事故的原因，并不能从生产的过程中科学地研究和分析事故。随着社会的发展和人们安全意识的提高，安全已经成为工业生产中的重中之重，安全管理成为人类保障生产、生活的有效手段和方法。对于安全管理涉及到的人、机、材料、环境等因素进行科学有效地管理和协调，对于人的行为进行管理和教育，对于生产过程中的机械、设施和生产、工作环境进行规范化、标准化管理，可以有效预防和避免大量的安全事故，减少人身伤亡和财产损失。

（2）从单一安全理论发展到安全科学体系

根据资料，安全科学的研究始于20世纪30年代，美国著名的安全工程师海因里希通过细致的科学研究和大量的工程应用实践，总结出了安全管理法则。事实证明，事故致因理论开辟了安全管理的先河，在工业生产的安全管理中起到了极大的作用。到了20世纪后期，随着对安全管理科学的研究的不断深入，安全管理理论得到了健康、全面的发展，使现代安全管理成为保证安全生产最重要的理论。随着安全科学的发展，逐渐发展和形成了安全系统工程原理、安全人机原理、安全教育学理论、安全经济学理论、安全法学原理理论、安全行为科学理论等安全管理体系。

（3）从安全管理的行政化发展到法制化的科学管理

安全管理科学中，安全管理和处罚是安全管理中重要的内容。管理和处罚的力度和执行情况也直接关系到工程的安全控制程度。以往经常采用的安全控制方法主要是行政处分、行政处罚和经济处罚等行政化手段，往往不能从实质上有效地进行安全控制，为了经济利益和业绩，很多生产单位仍然能够我行我素地进行生产，忽视安全管理和监督，给生产带来极大的安全隐患。为了有效地进行安全控制，只有从法律上实行安全管理的规范化。国家颁布了一系列安全生产的法律法规，有《中华人民共和国安全生产法》、《建设工程安全生产管理条例》等，并通过法律的形式对于高风险行业建立了安全保障金，有了法律的保障，可有效遏制和规范安全违法行为，并对相关安全责任人施以法律的制裁。所有的法制化工作，都将大大加强安全管理的力度，使安全控制具有充分的法律基础，赋予安全管理科学新的内涵。

3. 现代安全管理的理论、方法和特点

现代安全管理是社会生产中的重要管理内容，也是企业发展和壮大的重要保障措施。大量的事实证明，没有安全管理作保障，现代企业无法实现安全生产和发展的目的。因此现代安全管理一直是最前沿的科学研究内容，也是安全管理体系中核心的理论和方法。

现代安全管理的理论有安全系统论原理、安全控制论原理、安全信息论原理、安全协调学原理、事故预测与预防原理、事故突变原理、事故致因理论、安全经济学原理、安全哲学原理、安全法学理论、安全行为科学理论、安全文化建设等。

现代安全管理的方法有安全目标管理法、PDCA 循环法、系统安全分析方法、无隐患管理法、安全经济技术方法、安全评价、安全管理的计算机应用、本质安全技术、安全决策、事故判定技术、危险分析方法、风险分析方法、系统危险分析、故障树分析、危险控制技术等。

现代安全管理具有显著的特点，从传统的被动的安全管理对象转变为现代的主动的安全管理动力；从传统的事故管理转变为现代的事件分析与隐患管理（变事后型管理为预防型管理）；从传统的纵向单因素安全管理转变为现代的横向综合安全管理；从传统的被动、辅助、滞后的安全管理程式转变为现代主动、主导、超前的安全管理程式；从传统的外迫型安全指标管理转变为内激型的安全目标管理；从过去企业只顾生产经济效益的安全辅助管理转变为现代的效益、环境、安全与卫生综合效果管理；从传统的静态安全管理转变为现代的动态安全管理。

### 2.1.3 安全管理的基本理论

1. 安全管理哲学

安全哲学是人类安全活动的认识论和方法论，是人类安全科学技术基础理论，是安全管理理论的核心内容。从历史学的角度，安全哲学发展经历了四个过程。

(1) 宿命论的安全哲学

这种认识论与方法论表现为认为事故与灾害是上天安排的，是一种无能为力的哲学思想。

(2) 经验论的安全哲学

这种思想主要反映为事故后能够进行总结，并把总结的内容形成安全管理的经验，是安全管理的新发展。

(3) 系统论的安全哲学

经过分析和研究安全的所有问题，分析人、机、环境、材料、管理等事故综合要素，在安全管理中综合管理和控制安全因素，制定高效的综合措施。

(4) 本质论的安全哲学

随着科学技术和信息化的发展，人们通过认识安全的本质和核心，建立安全防范和预防体系，奠定了人类进行安全控制管理的基础。

现代安全哲学坚持树立“安全第一”、“预防为主”的科学观，重视安全管理，保障社会健康、和谐的环境。

2. 事故预测与预防原理

安全事故的发生，有其内在的必然性。尽管意外事故是一种偶然现象，究其原因也存在其内在的必然因素。因此，安全事故的发生对于大多数事故则表现出一定的规律，只有对其规律进行分析，找出预防安全的对策，才能有效进行安全事故的预防。

事故预防的模式可以分为**事后型模式**和**预防型模式**两种。其中，事后型模式是指在事故或者灾害发生以后进行整改，以避免同类事故再发生的一种对策；预防型模式则是一种主动的、积极的预防事故或灾难发生的对策。只有在事后型模式中不断总结安全管理的新内容和新经验，为预防型模式安全管理提供最重要的科学依据和事实根据，并通过事故后的分析，不断创新发展，才能更有效地进行安全管理。

3. 安全系统科学原理

安全系统科学是研究安全系统一般规律、系统的结构和系统优化的科学。系统科学对于管理也具有一般方法论的意义。系统科学最基本的原理是系统论、控制论和信息论，对现代安全管理具有基本的理论指导意义。

(1) 安全系统论原理

安全系统论原理是指综合运用系统理论对安全管理进行系统分析，以达到对安全管理科学进行科学有效管理和控制的目的。安全系统论原理是安全系统科学原理中的重要内容。如何科学有效地掌握和运用安全系统论对进行安全管理具有重大意义。

安全系统是综合性的系统内容，是人、社会、环境、技术、经济等因素构成的协调系统，系统中的各个因素都有着内在的联系。在对安全系统进行分析中，安全系统主要包含两个方面的内容：事故系统和安全系统。

事故系统涉及四个要素，通常称“4M+1E”要素，即：人，人的不安全行为是事故产生的最直接的因素；机，机器的不安全状态也是事故产生的直接因素；材料，材料是基础，不合格的材料是造成工程质量和安全事故的最直接的原因；环境，不良的生产环境影响人的行为，同时对机械设备产生不良的作用；管理，管理的欠缺也将直接造成安全事故。其中，材料是基础，最重要的因素是管理，因为管理对人、机、环境、材料都会产生作用和影响。

安全系统的要素是：人，人的安全意识和文化；物，设备与环境的安全可靠性；能量，生产过程能量的安全控制，包括一、二类危险源；信息，及时准确的安全信息是安全管理的重要保障。

安全系统的内在本质是认识事故系统要素，从本质上了解安全系统的因素，对于安全事故的发生和预防具有重要的意义。在安全管理中，应从影响安全的“4M+1E”要素入手，设立安全控制点和必要的检查、检验，使安全系统科学原理成为实现安全系统控制的有效方法和手段。

（2）安全信息论原理

安全信息是安全活动所依赖的信息资源，是反映人类安全状态和安全活动之间的差异及其变化的一种形式。安全科学是一门新兴的交叉学科，安全管理主要依据大量真实的安全信息进行安全生产的管理、控制。安全科学的发展，离不开信息科学技术的应用和进步，随着信息技术的发展，将会更加充分发挥信息技术的优势，使安全管理工作及时有效地避免安全事故的发生，减少安全事故的损失，安全信息的发展将在社会发展中发挥更大的作用。

安全信息原理主要进行安全信息的研究分析，并对安全信息的获取、处理、存储、传输和交流等进行技术分析。安全信息类型较多，可以分为直接安全信息和间接安全信息。直接安全信息一般指生产和生活中、事故后现场的原始安全信息资料；间接安全信息为原始信息经过处理、加工、分析后的安全信息，除此之外，二次信息也包括安全法规、条例、政策、标准等内容，共同作为安全信息进行安全管理的控制。

安全信息的及时与延时、准确与错误，都直接关系到安全事故的发生与避免、控制与失控。安全信息是安全管理中重要的手段和依据。首先，安全信息具有间接控制事故的功能，主要表现在管理人员通过安全信息的管理方式，获取和分析出对安全生产不利的异常信息和信号后，通过采取安全工程技术、安全管理手段、安全监控等手段，改变人、物、机、环境的状态，使之达到客观要求的标准；其次，安全信息具有间接预防事故的功能，利用一些安全指令（例如安全指标、安全法规、安全目标等等）将安全生产中各个复杂的元素进行科学有效地运行和管理。通过安全信息的科学管理，可规范员工的安全行为，促进生产的科学性、有效性，预防事故的发生。最后，安全信息也是制定安全管理目标、编制安全管理计划的依据。要进行安全管理的科学控制，主要的安全信息是进行决策最有力的依据。

（3）安全控制论原理

安全控制是安全管理最核心的内容，是实现安全生产的根本保障。运用安全控制原理对安全生产进行科学管理，使生产、生活处于安全状态和正常工作状态，为人类和社会生活创造更多、更好的财富。

为了科学、有效地进行安全控制，根据安全控制论的要求，应建立安全控制的制度、方法、组织、措施。例如在制度方面，应建立科学有效的管理机制、安全评价机制、安全检查机制等制度；在方法方面，应建立安全生产的管理、检查方法；在组织方面，应建立安全生产的管理机构，有效地进行安全检查和整改工作，将责任落实到人，防范事故的发生，将作业和管理人员、安全投资、安全设备和设施、安全目标等要素进行合理的组织和运行；在措施方面，应建立迅速的安全事故预防机制和紧急处理措施以及事故处理预案等。

安全事故的发生，主要由于能量的意外释放和转移造成的，因此，可将具有能量的物体根据危险程度分为一类危险源和二类危险源。针对不同的危险源应采用不同的方法进行安全控制。根据安全控制论理论，安全管理的控制主要有闭环控制、分层控制、分级控制、动态控制等方法。为有效预防安全事故的发生，可通过对系统能量的消除、限制、疏导、屏蔽、隔离、转移、距离控制、时间控制、局部弱化、局部强化、系统闭锁等技术措施来控制能量的不正常释放或转移，以达到物体能量处于受控状态和处于安全的环境和范围，避免事故的发生。

（4）安全协调学原理

安全协调学原理是安全管理中重要的理论方法，安全管理的运行，需要一定的顺序和程序，因此，为实现安全管理的有效性和科学性，应建立良好的管理协调关系，保障安全管理在运行过程中的各个环节和方面得到有效的落实和监督。

安全协调学原理能否得到科学有效的运用，取决于以下几个方面的要求：人员，应具有较高的综合素质，掌握安全管理的环节、过程、方法，拥有与各相关部门进行有效协调并解决问题的能力；组织，要求安全管理的组织机构要进行合理的设置，安全管理机构职能要有科学的分工，安全管理的体制要协调高效，安全决策、事故预防决策要有效和高效，事故应急管理指挥系统的功能和效率等方面要有总体的要求和协调；制度，根据安全管理目标编制安全管理规划，建立安全管理的响应协调制度，并将制度规范化，使协调工作有章可循，提高工程安全管理的效率和力度。信息的畅通和及时更新，为安全管理的协调提供准确的科学依据，并逐步实现安全协调的规范化、标准化。

4. 事故突变原理

法国数学家勒内·托姆教授于20世纪60年代中期创立了突变理论。安全管理中存在较多的突变因素，突变是指连续发展过程中出现的突然变化现象以及突然变化与连续变化因素之间的关系。安全事故的发生可以解释为事物内部的因素发生突变的结果，对于系统来说，自安全状态转化为事故状态实际上是一种突变现象。事物的突变造成工程安全事故的发生，究其原因，主要是构成事物的因素，即人的因素（安全素质、安全教育、安全管理等）、物体的因素（工作条件、机器的损坏、意外因素等）、外部的因素（不可抗力、外部作用力、外部条件的改变和诱因等）发生突变，以及共同作用的结果。

事故的突变理论中，决不能将事故的发生全部理解为突变的，不可控制的。而是应认识到事物因素的突变是造成事故的原因，在安全管理中应重点对易发生突变的安全因素进行控制。

5. 安全经济学理论

安全经济学是经济学与安全科学在安全科学领域相互交叉的综合性科学，安全经济学是研究安全的经济形式和条件，通过对人类安全活动的合理组织、控制和调整，达到人、技术、环境的最佳安全效益的科学。

安全经济学的研究对象是安全的经济形式和条件，即通过理论研究和分析，揭示和阐明安全利益、安全投资、安全效益的表达形式和实现条件。安全经济学的目的是实现人、技术、环境三者的最佳安全效益。安全经济学的目标是通过控制和调整人类的安全活动来实现的。

在安全经济学理论中，一般包括安全投入产出原理、事故损失分析原理、安全经济激励理论、安全效益分析原理等理论。

6. 安全教育学原理

安全教育学是教育学的一个学科分支，其以保障安全为出发点，运用教育学的技术知识和方法，以安全科学的理念、经验和安全法规、安全救援及避险等知识为教学内容，培养具有安全知识的人，使其树立正确的安全人生观、安全价值观，建立起科学的安全思维方法和安全的行为规范。

教育对人类的发展具有重要的作用，对于安全来讲，安全教育也是通过教育的模式对人的生活和生产产生良好的影响。安全教育是教育的重要部分，是国家鼓励和倡导的教育形式和内容，对人类自身的发展也是一种责任和基本技能。人的生存依赖于社会的生产和安全，因此，安全教育是安全活动的重要形式，这是由于安全教育是实现安全目标，即防范事故发生的“三大对策”之一的重要过程。因此，安全教育是人类生存活动中基本而重要的活动。

如何真正做好安全教育工作，将安全教育作为一种义务教育的形式呈现给人类，一直是安全工作者努力的工作内容。现阶段，将安全教育作为教育知识纳入课堂教学就是一个好的开端。在安全教育工作中，安全教育的原则是进行安全教育活动中应遵循的行为准则，是客观规律的真实反映。安全教育的原则主要有：教育的目的性原则，即针对不同的教育对象，教育的目的各不相同，只有准确掌握了教育的目的，才能有针对性、准确地搞好安全教育工作；理论与实践相结合原则，即安全教育并非空洞理论，具有鲜明的实践性的特点，只有将安全教育的理论与实践进行科学有效的结合，才能达到安全教育的真正效果和目的；教与学双方积极性原则，即安全教育是一种教与学的共同作用的形式，受教育者和教育者应通过积极努力的学习和实践，将安全教育工作发展到一个崭新的高度；安全教育的巩固性与反复性原则，即安全教育知识随着社会的发展而变化的性质，决定了安全教育的长期性。由于掌握的安全知识会随时间的推移而消退，因此，教育的巩固性和反复性成为安全教育的重要过程。通过安全教育能够改变和规范人的安全认识和安全活动，使人的行为更符合安全生产和安全生活的需要，保障社会和个人的稳定和安全。

针对不同的人群，安全教育的形式也不相同。对于建筑业的就业人员来讲，建立了严格的就业人员的“三级教育”制度，即公司的安全法规、政策的教育，施工项目经理部的安全制度、安全管理教育，施工作业班组的安全操作规程和方法的教育等等。应保证安全教育不合格者不得上岗就业，严格安全教育的正规化管理。根据不同的人群，教育的内容也不相同。企业安全教育是针对企业决策层的教育，主要进行方针政策、安全法规和标准的教育；对于安全专业管理人员主要进行安全科学技术及知识体系的教育；对于企业员工主要进行安全生产技术、技能、安全意识等教育；对于职工的家属等人员主要进行职工的工作性质、工作规律及相关的安全生产常识等内容的教育；对于社会人员，应进行常规的安全防范和安全避险、救援知识教育；对于特殊作业的人员，还需要进行特殊的培训，获得相应资格后才可进行作业活动。我国应在安全教育的管理上更加规范化和标准化。

7. 安全行为科学理论

安全行为科学是把心理学、生理学、人类学、文化学、经济学、法律等学科的基础理论应用到安全管理和事故预防的活动中，保障人类安全、健康和安全生产的一门应用性科学。安全行为科学是分析、认识、研究影响人的安全行为因素及模式，掌握人的安全行为和不安全行为的规律，实现激励安全行为、防止行为失误和抑制不安全行为的应用性学科。

安全行为科学的主要研究对象是个体安全行为、群体安全行为和领导安全行为等方面的理论和控制方法。通过安全行为科学的研究分析，掌握和分析影响人行为的因素，达到抑制不安全行为的目的。

安全行为科学的基本任务是通过对安全活动中各种与安全相关的人的行为规律的揭示，有针对性和实用性地建立科学的安全行为激励理论和不安全行为的控制理论和方法，并将其应用于指导安全管理和安全教育的对策中，提高安全水平和安全管理。

安全行为科学理论的基础是行为科学的理论，安全行为科学研究的内容主要是：对人的安全行为规律的分析和认识；导致事故产生的心理因素分析；安全行为的激励理论等。其中，对人的安全行为规律的分析和认识包括：研究人的个体自然生理行为模式和社会心理行为模式；分析影响人的安全行为的个性心理因素、社会心理因素、主要社会因素；分析环境、物的状况对人的安全行为的影响等。

安全行为科学理论应用在安全管理中，主要表现在：准确地分析事故原因和责任，从而科学有效地控制人为事故；提高安全管理、安全教育、安全宣传和安全文化建设的质量和水平，提高安全管理人员和广大职工的安全素质，减少和降低安全危害。

8. 安全法学理论

安全管理离不开法律的保障，安全法学是关于安全法制的科学，也是安全管理的重要支撑点和保障，它是法学在安全科学技术领域的应用。安全法学研究安全法的产生和发展规律，研究安全法的形式、内容、本质，研究安全法的制度、执行和遵守，研究劳动法律关系的主体、客体及当事人的权利和义务，研究安全法对于社会、政治、经济、文化建设的作用，研究关于安全科学的内容、方法等。

安全生产法规具有狭义和广义两种解释，狭义是指国家为了改善劳动条件，保护劳动者在生产过程中的安全与健康，以及保护生产安全所采取的各种措施的法律规范；广义是指我国保护劳动者、生产者和保障生产资料及财产的全部法律规范。安全生产法规的作用是为保护劳动者的安全与健康提供法律保障，加强安全生产的法制化管理，指导和推动安全生产工作的发展，促进企业安全生产，推进生产力的提高，保证企业效益的实现和国家经济建设事业的顺利发展。

安全生产法规是国家法规体系的一部分，其作用主要有：

（1）用法律的方法保护劳动者的安全健康

安全生产法在管理上规定了人们的安全行为，对于生产技术、设备管理等方面规定了安全生产和保障职工安全健康的物质条件。

（2）加强安全生产的法制化管理

安全生产法明确规定了安全生产管理的职责和标准，推动了安全生产的法制化。

（3）改进和发展安全生产管理的各项工作

生产法规对于生产工作提出了明确的要求，在具体实施中，应寻找安全生产管理中的不足和差距，不断发展和改进安全管理体系。

(4) 提高生产力的水平，实现企业和国家事业的发展

通过安全生产法规的管理，科学、有效地进行生产管理，保障生产劳动的顺利进行和职工的安全健康，也将大大提高企业的生产效率和效益，推动社会生产力的提高。

安全生产法规以法律的形式协调了人与人之间、人与自然之间的关系，维护正常的生产秩序，创造科学、安全、健康的生活。为生产工作者在法制上规定了生产的条件和要求，促进国家社会经济的可持续发展。

### 9. 安全文化建设理论

安全文化是文化体系中的重要分支，是指文化或安全的某些环境中，关于安全的知识、理论体系的非物质、精神的总和。企业安全文化的建立逐渐成为企业安全管理的重要内涵。

安全文化是具有丰富内在知识的体系，安全文化的范畴也较为广泛。安全文化的范畴，从文化的形态来讲，包含安全观念文化，即安全文化的精神层；安全行为文化与安全管理文化，即安全文化的制度层；安全物态文化，即安全文化的物质层。从安全的对象体系来讲，社会中不同的成员应具有一定的安全素质，不同的对象要求具有不同的安全文化知识体系。从安全文化的领域来讲，不同的安全文化领域直接造成安全文化的差异性，安全文化的领域广泛，包括交通、生产、冶金、石油、矿山等领域。当然，建设安全文化应充分认识安全文化的领域和内涵，并从实际出发进行建设。

安全文化的功能，即文化力，包含影响力、激励力、约束力和导向力，这四种功能对安全生产的保障作用将越来越明显、越来越强烈地表现出来。

建设安全文化，重点是解决人的基本素质，安全文化需要全社会人员共同参与，基本的安全素质需要从小培养和学习，保障人类生产、生活的发展。另外，安全文化除包括安全科学、安全教育、安全管理、安全法规制度等内涵外，还包括安全技术、安全工程、安全环境、安全体系、安全运行机制等内容。因此，建设安全文化是社会发展中的一项具有战略意义的宏伟工程，也是人类社会发展中生活和生产的重要基础。通过安全文化建设可以提升社会和全民的安全素质，要求全社会和全民的参与，这对提高人类的安全生产水平，提高企业安全生产保障能力具有重要意义。

### 10. 事故致因理论

概括地讲，事故致因理论的发展经历了三个阶段，即以事故频发倾向论和海因

里希因果连锁论为代表的早期事故致因理论，以能量意外释放论为主要代表的二次世界大战后的事故致因理论和现代的系统安全理论。

根据事故理论的研究，事故具有三种基本性质，即**因果性、随机性，偶然性、潜在性，必然性**。可以说每一起事故发生，尽管或多或少都存在偶然性，但却无一例外的都有着各种各样的必然性，因此，预防和避免事故的关键就在于找出事故发生的规律，识别、发现并且消除导致事故的必然原因，控制和减少偶然原因，使发生事故的可能性降到最小。现代工业生产系统是人造系统，因此，任何事故从理论和客观上讲，都是可预防的。

事故的发生不是一个孤立的事件，尽管事故发生可能在某一瞬间，却是一系列互为因果的原因事件相继发生的结果，为了主动、有效地预防事故，必须深入了解和认识事故发生的原因。

控制事故发生的可能性及减少伤害和损失的关键环节在于消除人的不安全行为和物的不安全状态，即抽去第三张骨牌就有可能避免第四和第五张骨牌的倒下。只要消除了生产过程中的危险性，努力防止人的不安全行为或物的不安全状态，安全事故就不会发生，由此造成的人身伤害和经济损失也就无从谈起。这一理论从产生伊始就被广泛用于安全生产工作之中，被奉为安全生产的经典理论，也是搞好安全管理的重要原则，对后来的安全生产产生了巨大而深远的影响。在建设工程施工现场，要求施工人员于施工前必须认真检查施工机具和安全防护措施，并且保证施工人员处于稳定的工作状态，正是这一理论在建设工程施工安全管理中的应用和体现。

要防止安全事故的发生，需要掌握事故发生和控制的原理，即事故预防原理。所谓事故预防原理，主要是阐明事故是怎样发生的，为什么会发生，以及如何采取措施防止事故的理论体系。它以伤亡事故为研究对象，探讨事故致因因素及其相互关系、事故致因因素控制等方面的问题。

导致事故发生的原因因素是事故的致因因素。在科学技术落后的古代，人们往往把事故的发生看作是人类无法违抗的“天意”，或是“命中注定”。随着社会的进步，特别是工业革命以后，人们在与各种工业伤害事故的斗争实践中不断积累经验，探索事故发生及预防的规律，相继提出了许多阐明事故发生机理，以及如何防止事故发生的理论。事故致因理论是一定生产力发展水平的产物。在生产力发展的不同阶段，生产过程中存在的安全问题不同，特别是随着生产形式的变化，人在工业生产过程中所处地位的变化，人们的安全观念也在变化，通过大量的工程实践和科研工作使新的事故致因理论相继出现和完善，将会极大推动安全事故的预防和控制工作的发展。

### 2.1.4 建设工程安全管理要素

建设工程安全管理的主要要素是安全生产责任制、安全生产方针、安全目标、安全计划、安全交底、安全组织、施工过程控制、安全检查、安全评价、审核等。

1.安全生产责任制

安全生产责任制，是指企业中各级领导、各个部门、各类人员已规定的在他们各自职责范围内对安全生产应负责的制度。

2.安全生产方针

安全生产方针，也称为安全生产政策，是每个施工企业首先必须明确的安全管理要素。施工企业的安全生产方针必须满足国家现行安全生产、建设工程安全生产法律法规的规定，最大限度地满足建设单位（或业主）、员工、相关方及社会的要求，并有明确的目标。

3.安全目标

安全目标是建设工程施工安全管理的核心要素，应体现安全生产方针。建立安全目标时应注意的因素是：安全目标应由施工单位项目经理部制定并实施；安全目标应可测量和考核；安全目标应合理；安全目标应自上而下层层分解，落实到每个部门、每个人员；确定为实现安全目标的时间表等。

4.安全计划

安全计划是规范施工单位安全活动的指导性文件和具体行动计划。其目的是防止和减少施工现场施工生产过程中安全事故的发生，从而防止和减少人身伤亡或财产损失。

5.安全教育

安全教育是实现安全生产的一项重要基础工作，可以提高职工搞好安全生产的自觉性、积极性、创造性，增强职工的安全意识，使职工掌握安全知识，提高职工的自我防护能力，使安全规章制度得到贯彻执行。安全教育培训的主要内容包括：安全生产思想、安全知识、安全技能、安全规章标准、安全法规、劳动保护和典型事例分析等。

6.安全组织

安全组织是指安全管理组织机构和职责权限。建设工程施工安全管理必须建立安全管理组织机构、合理的职责分工和权限。施工现场应建立以施工单位项目经理为安全生产第一负责人的安全生产管理领导小组，建立安全生产管理机构和配备专职安全生产管理人员，落实安全生产职责与权限。

7. 施工过程控制

施工过程控制是指为了实现安全目标、实施安全计划的规定和控制措施，对施工过程中可能影响安全生产的要素进行控制，确保施工现场人员、设备、设施等处于安全受控状态。

8. 安全检查

安全检查是指建设行政主管部门、施工企业安全生产管理部门或项目经理对施工企业、工程项目经理不贯彻国家安全生产法律法规的情况、安全生产情况、劳动条件、事故隐患等所进行的检查。

9. 安全评价

安全评价是采用系统科学方法，辨别和分析系统存在的危险性，根据其形成事故的风险大小，采取相应的安全措施，以达到系统安全的过程。安全评价的基本内容为：识别危险源、评价风险、采取措施，直至达到安全指标。

10. 审核

审核是指施工单位对施工现场项目经理部的安全活动是否符合安全管理体系的要求而进行的内部审核，以确定安全管理体系运行的有效性，从而总结经验和教训，不断改进安全管理体系的业绩。

## 2.2 建设工程安全管理原理及模式

建设工程安全管理的原理主要有系统原理、PDCA 循环原理、动态管理和控制原理、安全风险管理原理、安全协调学原理、安全经济学原理等。

### 2.2.1 系统原理

系统原理是指在从事管理工作时，运用系统理论，对管理活动进行充分的系统分析，以达到科学管理的优化目标，即用系统论的观点、理论和方法来认识和处理管理中出现的问题。系统原理是现代管理学的一个最基本原理，对它的掌握程度对于管理效能具有极大的影响作用。

建设工程施工安全管理的系统原理应从以下几个方面考虑。

（1）保证基本安全目标的实现。建设工程的基本安全目标关系到人民群众的生命和财产安全，关系到社会的稳定问题，国家制定有明确的相应工程建设强制性标准。因此，建设工程一经决策动工，无论在投资、进度方面要付出多么重大的代价，都必须保证建设工程施工安全基本目标的实现。

(2) 尽可能发挥施工安全管理对投资目标、进度目标、质量目标的积极作用。

(3) 确保安全目标合理及其实现。为了使安全目标合理并符合实际需要，在确定建设工程施工安全目标时，应充分考虑来自内部、外部的最可能影响到安全目标的信息、资料，包括：现有法律法规、标准规范和其他要求；对施工现场危险源和重要环境因素的识别、评价和控制策划结果；可选择的施工技术方案；财务、运行和经营要求；相关方的意见，以及已建同类建设工程的数据资料等。

### 2.2.2 PDCA 循环原理

PDCA 循环，是人们在管理实践中形成的基本理论方法。从实践论的角度，管理就是确定任务目标，并按照 PDCA 循环原理来实现预期目标，因此，PDCA 循环是目标管理的基本方法。详见图 2-1。

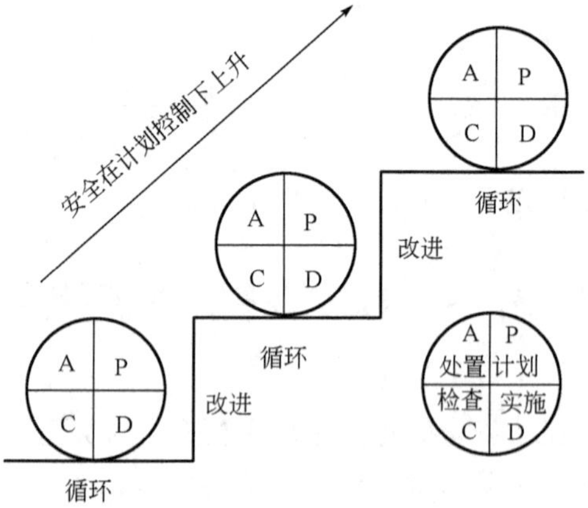


图 2-1　PDCA 循环示意图

#### 1. 计划 P（Plan）

在建设工程施工安全计划阶段，明确目标并制订实现目标的行动方案。在建设工程实施中，“计划”是指工程建设参与各方主体根据其任务目标和责任范围，确定安全控制的组织机构与制度、工作程序、技术方法、业务流程、资源配置、检验试验要求、安全记录方式、纠正措施与预防措施、管理措施等具体内容和做法的文件，“计划”还须对其实现预期安全目标的可行性、有效性、经济合理性进行分析论证，按照规定的程序与权限进行审批。

#### 2. 实施 D（Do）

它包含两个环节，即计划行动方案的交底和按计划规定的方法与要求展开工程施工作业技术活动。计划交底的目的在于使具体的作业者和管理者，明确计划的意图和要求，掌握标准，从而规范行为，全面地执行计划的行动方案，步调一致地去努力实现预期的安全目标。

3. 检查 C（Check）

它指对计划实施过程进行的各种检查，包括作业者的自检、互检和专职安全生产管理者的专检。各类检查都包含两大方面：一是检查是否严格执行了计划的行动方案，实际条件是否发生了变化，不执行计划的原因。二是检查计划执行的结果，即产出的结果是否达到标准的要求，对此进行确认和评价。

4. 处置 A（Action）

对于安全检查所发现的安全隐患等安全问题，及时进行原因分析，采取必要的措施，予以纠正，保持安全状况处于受控状态。处理分纠偏和预防两个步骤，前者是采取应急措施，解决当前的安全隐患等安全问题；后者是将信息反馈管理部门，反思问题症结或计划的不足，为今后预防类似问题提供借鉴。

### 2.2.3 动态控制原理

建设工程施工安全管理贯穿整个施工生产活动的始终，涉及到从开工到交付使用的全部生产过程，涉及到全部的生产时间，涉及到一切变化的生产因素，因此，建设工程施工生产活动中必须动态管理和控制。动态控制包括事前控制、事中控制和事后控制。

1. 事前控制

要求预先进行周密的建设工程施工安全计划，编制施工组织设计（专项施工方案）或安全计划或施工项目管理实施规划，并建立在切实可行、有效实现预期安全目标的基础上，作为一种行动方案进行施工部署。施工企业应加强施工安全技术在工程施工安全管理中的系统控制作用，避免造成安全预控的先天性缺陷。事前控制包括两层意思，一是强调安全目标的计划预控；二是按工程施工安全计划进行安全生产活动前的准备工作状态的控制。

2. 事中控制

首先是对施工安全生产活动的行为约束，即对施工安全生产过程各项技术作业活动操作者在相关制度管理下的自我行为的约束，并充分发挥其技术能力，去完成预定安全目标的作业任务；其次，是对施工安全生产活动过程和结果进行来自他人的外部监控，这里包括来自企业内部安全生产管理者的检查检验和来自企业外部的监控，如工程监理单位、保险单位和政府有关安全监督管理部门等的监控。

事中控制包含自控和监控两大环节，但关键是增强安全意识，发挥操作者自我约束、自我控制的作用，即坚持安全生产标准是根本，监控或他人控制是必要补充，没有前者或后者取代前者都是不正确的。因此，施工企业组织施工生产活动时，通过监管机制和激励机制相结合的管理方法，来发挥操作者更好的自我控制能力，以达到安全控制的效果，是非常必要的。这必须通过建立和实施安全管理体系来达到。

3. 事后控制

包括对施工生产活动结果的评价认定和对安全偏差的纠正。从理论上分析，对计划预控过程所制订的行动方案考虑得越是周密，事中约束监控的能力越强越严格，实现预期安全目标的可能性就越大。但是，由于种种主客观原因，建设工程在施工过程中不可避免地会存在一些计划时难以预料的影响因素，包括系统因素和偶然因素。因此，当实际值与目标值之间的偏差超出允许偏差，产生安全隐患时，必须分析原因，采取措施纠正偏差，保持安全受控状态。

上述三大环节，不是孤立和截然分开的，它们之间构成有机的系统过程，实质上也就是 PDCA 循环具体化，并在每一次滚动循环中不断提高控制水平，达到安全管理或安全控制的持续改进。

### 2.2.4 安全风险管理原理

建设工程安全风险管理原理，就是通过识别与建设工程施工现场相关的所有危险源以及环境因素，评价出重大危险源与重大环境因素，并以此为基础，制定针对性的控制措施和管理方案，明确建立危险源和环境因素识别、评价和控制活动与安全管理其他各要素之间的联系，对其实施管理和控制。这也体现了系统的、主动的事故预防思想。

建设工程安全风险管理的目的是控制和减少施工现场的施工安全风险，实现安全目标，实现事故预防。风险管理是一个随着施工进度而动态发展、不断更新的过程，由安全风险识别、风险评价、风险对策决策、实施决策、检查等五个基本环节构成，并且在工程建设过程中，根据法律法规和标准规范、施工方案、工艺要求等内容，不断完善和改进安全管理措施。在施工过程中应不断检查和评价工程建设安全风险，进行新的安全风险识别后，开始新的安全风险管理。经过每个循环管理过程，应需要制定新的安全目标和安全措施，使工程安全控制措施计划不断完善、不断提高。建设工程安全风险管理是一个随施工进度而动态循环、持续改进的过程。

### 2.2.5 安全经济学原理

安全经济学是研究安全的经济形式（利益、投资、效益）和条件，通过对人类安全活动的合理组织、控制和调整，达到人、技术、环境的最佳安全效益的科学。

安全经济学的投入产出原理为：安全具有两大经济功能，即安全直接减轻、免除事故或危害事件给人、社会和自然造成的损害，实现保护人类财富，减轻无益消耗和损失的功能；安全能保障劳动条件和维护经济增值过程，实现其间接为社会增值的功能。建立的函数关系有：

损失函数

$$L(S)=L\exp(l/s)+L_0, l>0, L>0, L_0>0$$

增值函数

$$I(S)=I\exp(-i/s), I>0, i>0$$

式中：$L$、$l$、$I$、$i$、$L_0$——统计常数。

从函数关系中可以得出，当安全性趋于零时，系统没有取得利益，而且会出现无穷大的负利益。由此可见，工程安全功能不能改变系统本身创值水平，但是保障和维护了系统创值功能，从而体现了安全自身价值。安全性要求越大，需要的成本越高。

事故损失分析原理是通过定量的方法进行分析，评价事故的影响。通过此方法可计算出事故的直接经济损失和间接经济损失，然后根据事故的损失情况判定事故的损害程度，也作为事故的赔偿依据。

$$\text{事故经济损失}=\sum L_{1i}+\sum L_{2i}$$

$$\text{事故非经济损失}=\text{比例系数}\times\text{事故经济损失}$$

$$\text{事故总损失}=\text{事故经济损失}+\text{事故非经济损失}$$

安全投资的理论是指在一定的安全投资强度比例下，通过合理的投资结构来实现安全投资。其中投资结构包括：安全措施费与个人防护用品费用的结构；安全技术投入与工业卫生投入的结构；预防性投入与事后整改投入的结构。在目前的生产过程中，应强化安全卫生投资的良好循环制度，增加安全投资力度，调整目前企业安全生产投资的结构，改进安全生产资金的管理方式。在安全管理中，加强安全经济管理，应当制定相应的政府法规和落实相应的管理政策；完善经济统计；进行安全卫生项目的经济可行性评价程序。利用市场经济的“价值规律”、“资源合理配置”的经济学思想，建立适应新形势下的安全生产措施费用保障机制。

安全效益分析原理是指安全效益可以从微观经济效益和宏观经济效益两个方面进行分析。微观经济分析中，安全的“产出”往往是“增值产出”远远大于“减损产出”。主要由于安全对生产的保障作用、对于技术功能的维护作用是很重要的和突出的。安全宏观经济效益的评价是要分析清楚安全生产对经济发展的贡献率，研究安全生产的投入产出理论。根据我国社会经济有关背景数据，可得到以下研究结论：不同行业由于危险性及安全生产作用的不同，其经济贡献率也不相同，一般的规律是，行业风险越大，其安全生产贡献率也越大；反之，其安全生产经济贡献率也越小。

建设工程施工安全管理应遵循安全经济学原理，分析建设工程施工安全成本与建设工程安全事故率之间的关系，为防止和减少建设工程施工安全事故，必须投入必要的安全生产资金。为此，《建设工程安全生产管理条例》明确规定了建设单位应在工程概算中确定并提供安全作业环境和安全施工措施费用；施工单位应建立和落实安全生产资金保障制，即安全生产费用必须用于施工安全防护用具及设施的采购和更新、安全施工措施的落实、安全生产条件的改善。

### 2.2.6 施工安全管理模式

安全管理模式是反映系统化、规范化安全管理的一种体系和方式。安全管理模式从不同的角度归纳和总结了安全管理的模式，以实践为基础，改进企业的安全管理，对提高企业安全生产的保障能力具有良好的作用。安全管理模式一般包括目标、原则、方法、过程和措施等要素，针对生产安全、环保、治安等工作进行防范和控制。施工安全管理对提高企业施工过程中的综合管理效率和降低管理成本有着重要的作用。因此，建立综合性的施工安全管理模式是安全管理的必然过程。

1.程序化安全管理模式

（1）预防型的安全管理模式

预防型安全管理模式是一种主动、积极地预防事故或灾难发生的对策，是现代施工企业安全管理对策的重要方法和模式。这种模式遵循的基本步骤是：提出安全目标→分析存在的问题→找出主要问题→制定实施方案→落实方案→评价→新的目标，如图 2-2 所示。

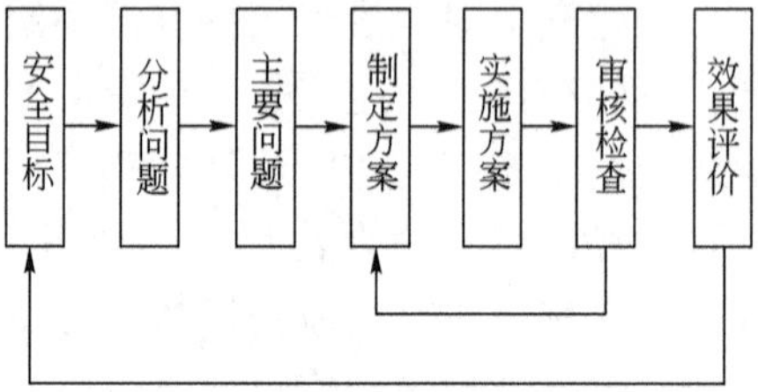


图 2-2　预防型安全管理模式

（2）事后型安全管理模式

事后型安全管理模式是一种被动的管理模式，即是在事故发生后进行补救，以避免同类事故再次发生的一种管理方式。这种模式遵循的基本步骤是：事故发生→调查原因→分析主要原因→提出整改对策→实施对策→进行评价→新的对策，如图 2-3 所示。

建筑施工企业的施工安全管理模式应变传统的事后型管理为现代的预防型管

理，这也体现了“安全第一，预防为主”的方针。

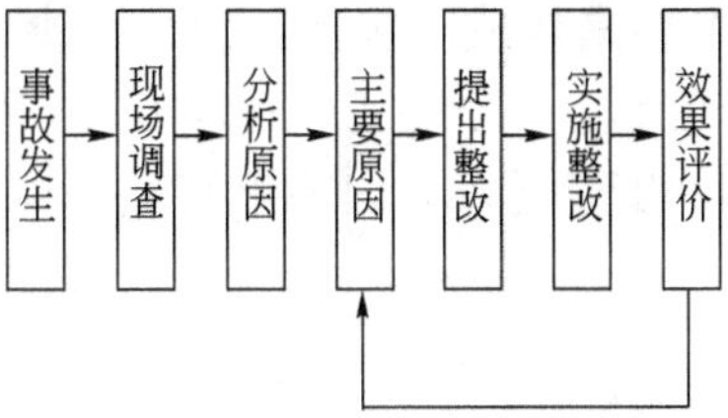


图 2-3　事后型安全管理模式

2. 对象化安全管理模式

(1) 以人为中心的安全管理模式

科学、合理、有效的安全生产管理模式是工程安全管理的基础，以人为中心的管理模式，其核心是将管理的中心集中于生产作业人员。安全管理应首先研究人的心理、生理素质，纠正和改变不安全行为，将不符合要求的行为作为安全管理的目标模式。

(2) 以管理为中心的安全管理模式

美国著名学者 Heinrich 认为，人的不安全行为是事故产生的根本原因，管理应为事故发生负责。因此，该管理模式吸取借鉴了以往安全管理的宝贵经验，结合安全生产的实践经验，融合先进的安全生产管理理论，建立了以管理为中心的安全管理模式。

## 2.3　安全生产管理体系与保证体系

### 2.3.1　安全生产管理体系

1. 建立建设工程安全生产管理体系的原则

(1) 贯彻“安全第一，预防为主”的方针，建立健全安全生产责任制和群防群治制度等，确保工程项目施工过程中的人身和财产安全，减少一般事故的发生。

(2) 依据《中华人民共和国建筑法》、《建设工程安全生产管理条例》、《劳动保护法》、《环境保护法》以及国家有关安全生产的法律法规和规程标准进行编制。

(3) 必须包含安全生产管理体系的基本要求和内容，并结合工程项目实际情况和特点加以充实，完善安全生产管理体系，确保工程项目的施工安全。

(4) 具有针对性，要适应建设工程施工全过程的安全管理和安全控制。

(5) 坚持持续改进的原则，施工企业应加强对建设工程施工的安全管理，指导、帮助项目经理部建立、实施并持续改进安全生产管理体系。

2.安全生产管理体系的基本要求

建设工程施工安全管理体系由 11 个要素构成，包括：管理职责、安全管理体系、采购控制、分包方控制、施工过程控制、安全检查、检验和标识、事故隐患控制、纠正和预防措施、安全教育和培训、安全记录、内部审核。

（1）管理职责

①安全管理目标

项目经理为工程项目安全生产第一责任人，对安全生产应负全面的领导责任，实现重大伤亡事故为零的目标；有适合于工程项目规模、特点的应用安全技术；应符合国家安全生产法律、法规和建设行业安全行政法规、规章、规程及对建设单位和社会要求的承诺；形成为全体员工所理解的文件，并贯彻实施。

建设工程项目实施施工总承包的，由总承包单位负责制定工程项目的安全管理目标。

②安全管理组织

对从事与安全有关的管理、操作和检查的人员，特别是需要独立行使权力开展工作的人员，应规定其职责、权限和相互关系，并形成文件。

（2）安全管理体系

安全生产管理体系应符合建筑业企业和本工程项目施工生产管理现状及特点，使之符合安全生产法规的要求。

（3）采购控制

项目经理部对自行采购的安全设施所需的材料、设备及防护用品进行控制，确保所采购的安全设施所需要的材料、设备及防护用品符合安全规定的要求。

（4）分承包方控制

项目经理部应明确对分包单位进行控制的负责人、主管部门和相关部门，规定相应的职权。

（5）施工过程控制

项目经理部对施工过程中可能出现的影响安全生产的因素进行控制，确保工程项目按安全生产的规章制度、操作规程和程序进行施工。

项目经理部应根据安全计划中确定的特殊关键过程，落实监控人员，确定监控方式、措施并实施重点监控，必要时应实施旁站监控。

（6）安全检查、检验和标识

项目经理部应定期对施工过程、行为及设施进行检查、检验或验证，以确保符合安全要求；对检查、检验或验证的状态进行记录和标识；对安全设施所需要的材料、设备及防护用品进行进货检验。

（7）事故隐患控制

项目经理部应对存在隐患的安全设施、过程和行为进行控制，确保不合格设施不使用，不合格物质不放行，不合格过程不通过，不安全行为不放过。

（8）纠正和预防措施

项目经理部应对已经发生或潜在的安全事故进行分析，并针对存在问题的原因采取纠正和预防措施。

（9）安全生产教育培训

安全生产教育培训应贯彻施工生产的全过程，覆盖工程项目的所有人员，确保未经过安全生产教育培训的员工不得上岗作业。安全生产教育培训的重点是管理人员的安全生产知识和安全管理水平，以及操作者遵章守纪、自我保护和防范事故的能力。

（10）内部审核

建筑业企业应组织对项目经理部的安全活动是否符合安全管理体系文件有关规定的要求进行审核，以确定安全生产管理体系运行的有效性。

（11）安全记录

项目经理部应建立证明安全生产管理体系运行必要的安全记录，其中包括台账、报表、原始记录等资料，应对安全记录进行标识、编目和立卷，并符合国家、行业、地方和企业有关规定。

### 2.3.2 安全生产保证体系

#### 1.安全生产保证体系概念

施工现场安全生产保证体系是施工企业和项目经理部整个管理体系的一个组成部分，包括为制定、实施、实现、审核和保持“安全第一、预防为主”方针和安全目标所需要的组织结构、策划活动、职责、程序、过程和资源。

施工现场安全生产保证体系内容包括：为制定、实现和保持项目经理部安全目标所需要的组织结构、策划活动、职责、程序、过程和资源。其中组织结构是一个时期只能按某种方式建立的职责、权限及其相互关系，通常以组织结构图予以规定。策划活动是致力于制定安全目标并规定必要的运行过程和相互资源以实现安全目标的活动。

安全生产保证体系的作用是便于项目经理部和建筑企业对承建项目相关安全风险和环境影响的管理，是整个管理体系的一个组成部分。它对组织管理活动的整体予以统筹规划与实施，是提高整个管理体系的效率，节约各个方面资源的有力保障。因此设计施工现场安全生产保证体系时，应考虑与其他管理体系，如质量管理体系、环境管理体系等的兼容性，以便各体系协调运作和资源共享。

2. 安全生产保证体系总要求

安全生产管理体系的要求是施工现场安全生产保证体系得以实现的重要保证，因此对于安全生产保证体系的要求有以下几个方面内容：

（1）项目经理部应建立和实施施工现场安全生产保证体系，并不断完善其有效性。

（2）施工现场安全生产保证体系应围绕项目安全目标和持续改进安全管理活动及业绩，并且按照 PDCA 循环原理运行。

3. 安全生产保证体系的原则

建立施工现场安全生产保证体系，应坚持下列原则：

（1）安全目标管理原则，安全目标管理是安全生产保证体系实施的目的。

（2）事故预防原则，事故预防是贯彻安全生产保证体系的根本要求。

（3）针对性原则，针对性原则是贯彻安全生产保证体系的实际需要。

（4）施工周期原则，项目的施工周期原则是贯彻安全生产保证体系的基本周期。

（5）全员参与原则，全员参与原则是安全生产保证体系成功实施的重要基础。

（6）动态控制原则，动态控制原则是安全生产保证体系成功实施的重要方法。

（7）持续改进原则，持续改进原则是贯彻安全生产保证体系的基本目的。

4. 安全生产保证体系的要求及其关系

（1）基本要求

①安全目标

项目经理部必须制定安全目标，并形成文件。安全目标应与所在建筑企业的安全方针、安全目标协调一致，应包括安全指标、管理达标的要求等。

②危险源与环境因素识别、评价和控制策划

项目经理部必须根据工程对象的特点和条件，充分识别各个阶段、部位和场所需控制的危险源与环境因素。危险源和环境因素包括：正常的、周期性和临时性的、紧急情况下的活动；进入施工现场所有人员的活动；施工现场内所有的材料、设备、设施等。

项目经理部必须采用适当的方法，评价已经识别的全部危险源和环境因素对施工现场场界内外产生的安全风险和环境影响，从中确定重大危险源与重大环境因素。对其中风险较大或专业性较强的施工过程、阶段或部位的活动，还应进行安全论证。评价和论证的结果应形成文件，其内容包括危险源与环境因素识别、评价结果和清单。

为实现安全目标，项目经理部必须根据评价结果和法律法规、标准规范及其他要求，对需要控制的危险源和环境因素的控制方式进行策划并形成文件。其中重大危险源与重大环境因素的控制方式应包括制定施工组织设计、专项施工方案或专项安全技术措施。

③适用法律法规、标准规范和其他要求

项目经理部必须建立有效渠道，以识别并获取适用于施工现场安全生产的法律法规、标准规范和其他应遵循的要求。

④施工现场安全生产保证计划

项目经理部在施工前必须策划并编制施工现场安全生产保证计划。

施工现场安全生产保证计划应针对工程项目的类型和特点，依据危险源、环境因素识别、评价和控制策划结果，以及适用的法律法规、标准规范和其他要求，确定安全目标并以实现安全目标为目的。

施工现场安全生产保证计划应与施工组织设计同步策划，形式上可单独编制，也可在施工组织设计中体现，实施前应经上级机构审核确认，并形成记录。

⑤施工过程控制

项目经理部必须根据施工现场安全生产保证体系策划的结果和安排，确保与所识别的危险源和环境因素有关的活动、人员、设施、设备在施工过程中处于可控制状态，以便从根本上控制和减少风险和环境影响。

⑥事故的应急救援

项目经理部应针对可能发生的事故制定相应的应急救援预案，准备应急救援物质，并在事故发生时组织实施，防止事故扩大，以减少与之有关的伤害和不利环境影响。

⑦安全检查

项目经理部应建立安全检查制度，对于施工现场的安全状况和业绩进行经常的检查，掌握施工现场安全生产管理活动和结果的信息。

⑧纠正措施和预防措施

项目经理部应对严重的或经常发生的不合格情况、事故、建筑企业或政府主管部门提出的问题、隐患及整改要求、社会投诉的问题，进行调查和原因分析，针对原因制定并实施相应的纠正措施和预防措施，以防止其再次发生。

⑨内部审核

项目经理部必须以施工现场安全生产保证体系的业绩为重点，在各主要施工阶段组织内部审核，以便确定其是否符合施工现场安全生产保证体系策划的安排和要求，是否得到正确的实施并能够保持，是否有效地满足项目安全目标。

⑩安全评估

项目经理部应对各主要施工阶段施工现场安全生产保证体系的适宜性、充分性、有效性及时组织评估，并编制阶段性安全评估报告。

（2）辅助因素

①组织机构与职责权限

项目经理为施工现场安全生产的第一责任人，并在项目安全管理活动中起到领导作用。

必须确立项目经理部与安全风险和环境影响有关的管理、执行和验证人员的作用、职责、权限和相互关系，形成有关制度和管理文件，并对有关人员进行培训、学习和传达沟通，确保施工现场安全生产保证体系各项要求的正确实施。

安全生产保证体系为工程项目的顺利建设起到重要的作用。施工企业、项目经理部、施工作业人员必须牢固树立安全观念。为了建立、实施和改进施工现场安全保证体系，项目经理部必须有计划地及时配置必要的资源；称职的技术人员、管理人员和操作人员，包括专职的安全生产管理人员；适用于工程施工特点的专项技能和技术；应当具备的安全设施、检验设备和防护用品，并且将安全作业环境及安全施工措施费用列入建设工程概算。

②安全教育和培训

项目经理、专职的安全生产管理人员和特种作业人员应按法律法规规定通过有关部门对其安全生产知识、管理能力、安全操作技能进行的考核，取得相应资格证书后，持证上岗。

作业人员进入新的岗位或者新的施工现场前，应当接受安全生产教育培训。未经教育培训或者教育培训考核不合格的人员，不得上岗。

施工单位在采用新技术、新工艺、新设备、新材料时，应当对作业人员进行相应的安全生产教育。

③文件控制

施工现场安全生产保证体系所要求的文件应完整、齐备，其中包括施工现场安全生产保证体系文件，法律法规、标准规范及其他外来文件资料，这些文件应由专业人员进行管理。

④安全物质采购和进场验证

项目经理部应对用于施工现场安全生产保证措施的安全防护用具、机械设备、施工机具及配件、消防设施和器材进行控制，确保这些安全物质的质量符合要求。

⑤分包控制

项目经理部应对劳务、专业工程、机械租赁与安装拆除分包商予以控制，其中包括现场安全计划、人员资格等。确保分包活动符合规定的要求。

⑥安全记录

项目经理部应及时形成安全记录，包括供应商和分包商的各类安全管理资料，以提供施工现场安全生产保证体系符合要求并有效运行的证据。

施工现场安全生产保证体系由 10 个基本要素和 6 个辅助要素构成。其中，10 个基本要素包括：安全目标，危险源与不利环境因素识别、评价和控制策划，适用法律法规、标准规范和其他要求，施工现场安全生产保证计划，施工过程控制，事故的应急救援，安全检查，纠正措施和预防措施，内部审核，安全评估；6 个辅助要素包括：组织机构与职责权限、安全教育和培训、文件控制、安全物资采购和进场验证、分包控制、安全记录。

从图 2-4 可见，该体系规定的体系要素围绕建设工程施工安全目标和持续改进安全管理活动及其业绩，按照“策划、实施、检查、改进”的 PDCA 动态循环、螺旋上升模式运行。该体系也集中体现了现代建设工程施工安全管理应遵循目标管理原理、PDCA 循环原理、动态管理和控制原理、安全风险管理原理、全面管理原理等安全管理基本原理。

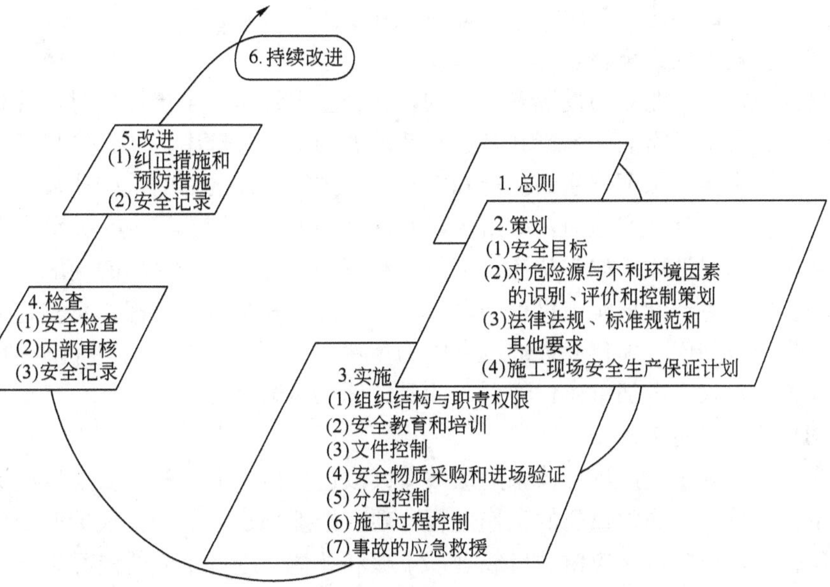


图 2-4 安全生产保证体系的结构、要素和运行机制图

### 5. 安全生产保证体系的建立、审核和评估

(1) 安全生产保证体系的建立

根据安全生产保证体系的原则和根本要求，项目经理部应首先树立牢固的安全意识，建立相应的安全组织机构和管理体制。对于安全管理人员及相关专业管理人员，应按照法律法规的要求进行培训和考核，使其掌握安全生产保证体系的基本原则、基本要求与管理理念。安全生产保证体系必须建立在基本要求的原则的基础

上，项目经理部结合本工程的实际特点、安全管理经验、法律法规、标准规范，通过对危险源和环境因素的识别、评价、策划、控制和体系设计，针对性地编制安全生产保证体系文件。根据安全生产保证体系的要求设置相应的岗位、职责、制度，配备相应资源，按照规定的程序运行和控制。

项目经理部编制的安全生产保证体系在工程项目上运行一段时间后，通过对保证体系的内部审核和安全评价，检查和发现保证体系中存在的隐患和问题。根据隐患、问题的处理程序，制定相应的处理措施和复查措施，可以采用先进的科学技术和方法，确保施工现场安全生产保证体系不断改进、不断完善、不断发展。

建立和运行安全生产保证体系应有明确的职责部门。工程项目实行总承包的，施工现场安全生产保证体系必须由施工总承包单位负责，分包单位应结合分包工程的特点，制定相应的安全生产保证计划，并纳入总承包安全生产保证计划体系的管理范畴。工程项目未实行总承包的，各承包单位根据所承包工程的规模、特点，建立和运行各自的相应安全生产保证体系，并不断改进和发展。

（2）企业的内部审核

按照规定，企业必须设置安全结构，在企业组织实施生产任务时，首先要考虑提供先进、安全可靠的技术措施来保护劳动者的安全与健康。同时加强指导和辅助施工现场安全生产保证体系的执行和实施，并进行企业内部的审核认可。在工程项目安全生产保证计划实施前，应由项目经理部的上级主管部门的有关负责人进行审核，确认安全保证体系的完整性、可行性和可操作性，对于提出的问题需要重新进行编制。安全生产计划实施过程中，项目经理部对安全生产管理体系实施情况应按规定报告上级部门，项目经理部没有能力解决的，需要施工企业进行帮助和指导，通过检查、验收、内部审核、评价，使保证体系逐渐完善。

（3）认证机构审核

为了实现安全生产保证体系的绩效持续改进，由认证机构对安全生产保证体系进行审核，是一个非常重要的工作过程。项目经理部建立的施工现场安全生产保证体系运行一段时间后，应由项目经理部审核和评估，进行企业的内部审核，在对安全生产保证体系进行必要的补充和修改、符合体系所规定的技术要求后，应提出申请后再由认证机构进行认证，确定保证体系的完整性。

（4）安全监督机构的监督检查

除认证机构对安全生产保证体系进行认证管理外，安全生产保证体系的建立和运行要接受建设工程安全监督管理部门的监督检查。安全监督管理部门可以通过定期、不定期的检查方式对项目经理部和施工现场进行监督管理，检查施工现场安全生产管理体系的有效性和符合性，同时也是对认证机构的检查和考核。在监督检查过程中，对于施工企业、认证机构的违规行为，可以根据法规进行纠正和处罚。另外，安全监督管理部门对施工企业安全生产保证体系的评定和审核，是建设行政主管部门对施工企业安全生产综合考评的重要依据。

## 2.4 安全生产管理实施程序

建设工程安全管理的实施包括建设工程施工安全策划、编制建设工程施工安全计划、安全计划的实施、安全检查、安全计划验证与持续改进，直到工程竣工交付，如图 2-5 所示，其具体内容是：针对建设工程的规模、结构、环境、技术特点、对危险源与环境因素的识别、评价和控制策划结果、适用法律法规和其他管理要求、资源配置等因素进行建设工程施工安全策划。

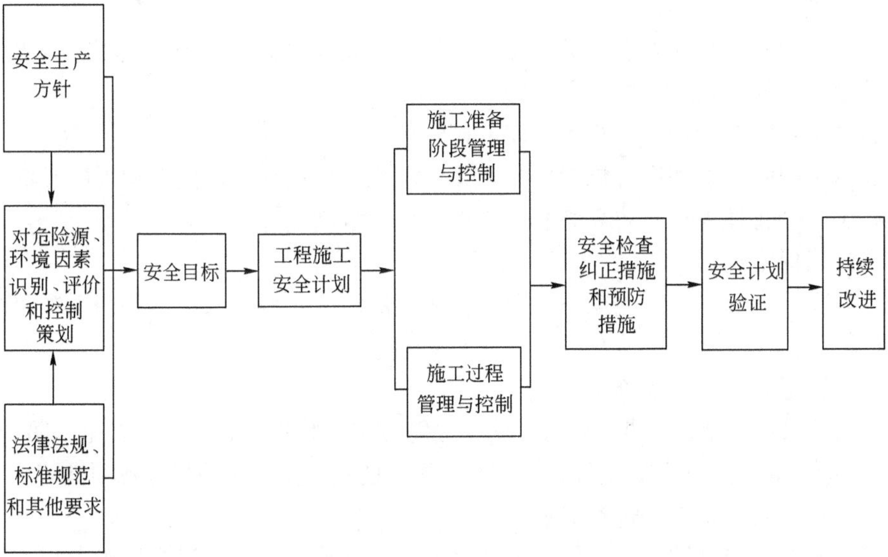


图 2-5 建设工程施工安全管理程序图

### 2.4.1 编制建设工程安全计划

建设工程施工安全计划，简称为安全计划，是指依据安全策划的结果和施工现场安全生产要求，规定施工单位项目经理部的安全目标、控制措施、资源和活动顺序的文件。

1. 安全计划编制的依据

（1）建设工程施工安全策划的目标。

（2）国家和地方的安全生产、劳动保护、环境保护、消防等法律法规和标准规范。

（3）国家和地方建设工程安全生产法律法规和标准规范。

（4）施工单位的安全管理手册及相应的程序文件。

2. 编制建设工程施工安全计划的步骤

（1）工程概况

建设工程组成状况及其建设阶段划分；每个建设阶段的工程项目组成状况；每个工程项目的单项工程、单位工程组成状况等。

（2）明确安全控制程序

建设工程施工总体安全目标；编制安全计划；安全计划实施；安全计划验证；安全计划持续改进和合同承诺落实情况。

（3）确定安全控制目标

建设工程施工总体安全目标；每个工程项目安全目标；每个工程项目的单项工程、单位工程和分部工程安全目标。

（4）确定安全管理组织机构和职责权限

建设工程安全管理组织机构形式；安全组织管理层次；制定管理者的职责与权限；确定安全管理人员；建立健全安全管理的规章制度等。

（5）确保安全资源配置

所有安全资源的名称、规格、数量、使用部位、有效时限等，并列入资源总需要量计划。

（6）制定安全技术措施

包括防火、防爆、防洪、防毒、防尘、防雷击、防坍塌、防物体打击、防溜车、防高空坠落、防交通事故、防盗、防机械伤害、防暑、防寒、防疫等各项措施。

（7）落实安全检查评价和奖惩

确定安全检查日期、安全检查人员组成、安全检查内容、安全检查方法、安全检查记录要求；落实安全检查结果的评价；编写安全检查报告；确定安全施工获奖人员的奖励制度及违规人员的惩罚制度。

3. 安全计划编制的要求

（1）及时性

建设工程安全计划的目的是加强施工阶段的安全管理和程序管理，规范员工的建设行为，使其严格工艺操作纪律，以在工程建设中提高工程施工安全，实现安全目标。对于施工中导致安全事故的因素和隐患，人的不安全行为、物的不安全状态、管理上的缺陷等内容，应根据工程项目的具体情况，依据有关法律法规，对重大危险源、重大环境因素进行准确分析和研究，并有效控制重大危险源、重大环境因素。例如，根据《建设工程安全生产管理条例》规定对于基坑支护与降水工程、土方开挖工程、模板工程、起重吊装工程、脚手架工程、拆除、爆破工程、其他危险性较大的工程等分项分部工程，应当在施工前单独编制安全专项施工方案。

(2) 可操作性

建设工程施工安全计划应根据安全计划编制的要求、步骤，结合工程项目的具体特点（工程项目的建筑面积、结构类型、特点、技术、环境、危险源等）进行编制，保证安全计划具体、全面，并有针对性，便于工程现场操作。

(3) 协调性

施工组织设计是工程项目的技术、经济文件，建设工程施工安全计划作为施工组织设计的一个重要组成部分，应在有关规定和要求下，进行策划、编制、审核，保证安全计划的内容与施工组织设计的协调性，并应体现其独立的一面，形式上可分可合。

(4) 统筹性

项目经理是施工企业法定代表人在工程项目上的委托代理人，项目经理在工程项目管理上处于核心的位置，当然，项目经理也是工程安全管理的第一责任人。因此，对于建设工程施工安全计划的编制，应在工程项目的项目经理的主持下，由负责安全、技术、管理等的有关人员共同参与进行编制，并使安全计划能够充分、全面、有效地控制现场的安全事故。

### 2.4.2 组织计划的实施

施工单位项目经理部的建设工程施工安全计划应经上级企业机构审批后实施。建设工程施工安全计划的实施包括建立安全生产管理机构和人员的职责权限、建立和执行安全生产管理制度、开展安全教育培训、执行安全技术措施与管理措施、进行安全技术交底等工作。应做到分工控制安全计划的实施，保证资料的完整。

建设工程施工安全计划贯穿整个工程项目的全过程，安全计划也涉及建设工程施工的各个环节，因此，施工中应做好安全计划的实施工作，确保工程建设的安全性。

#### 1. 安全生产责任制度

建立安全生产责任制是施工安全计划实施的重要保证。安全生产责任制是指企业对项目经理部各级领导、各个部门、各类人员所规定的在他们职责范围内对安全生产应负责任的制度。

#### 2. 安全教育

安全教育是施工安全计划的重要内容，要求如下：

(1) 广泛开展安全生产的宣传教育，使全体员工真正认识到安全生产的重要性和必要性，懂得安全生产和文明施工的科学知识，牢固树立安全第一的思想，自觉遵守各项安全生产法律、法规和规章制度。

(2) 将安全知识、安全技能、设备性能、操作法规等作为安全教育的主要内容。

(3) 建立经常性的安全教育考核制度，对于考核成绩要做好档案管理。

(4) 电工、电焊工、架子工、司炉工、爆破工、机操工、起重工、机械司机、机动车辆司机等特殊工种工人，除需要一般安全教育外，还要经过专业技能培训，经考试合格持证后，方可独立操作。

(5) 采用新技术、新工艺、新设备施工和调换工作岗位时，也要进行安全教育。未经安全教育培训的人员不得上岗操作。

### 3. 安全技术交底

(1) 安全技术交底的基本要求

①项目经理部必须实行逐级安全技术交底制度，纵向延伸到班组全体作业人员。

②技术交底必须具体、明确、针对性强。

③技术交底的内容应针对分部、分项工程施工中的潜在危害和存在问题。

④应优先采用新的安全技术措施。

⑤应将工程概况、施工方法、施工程序、安全技术措施等向工长、班组长进行详细交底。

⑥定期与两个以上作业队和进行多工种交叉施工的作业队伍进行书面交流。

⑦保持书面安全技术交底签字记录。

(2) 安全技术交底的主要内容

①本工程项目的施工作业特点和危险点。

②针对危险点的具体预防措施。

③应注意的安全事项。

④相应的安全操作规程和标准。

⑤发生事故后应及时采取的避难和急救措施。

⑥当出现安全隐患、事故时，必须分析原因、分清责任、进行整改。

一旦出现安全隐患或安全事故，应按照安全隐患和安全事故处理程序，停止安全隐患部位和与其有关联部位及下道工序的施工，按照规定调查安全隐患、安全事故的原因，研究制定事故处理方案，落实工程责任，并进行整改。

### 4. 安全隐患的处理方法

(1) 停止使用，封存。

(2) 指定专人进行整改直至达到规定要求。

(3) 返工重做，重新检验。

（4）对有不安全行为的人员进行教育或处罚。

（5）对不安全生产的过程重新组织。

5. 安全事故的处理程序

（1）迅速抢救伤员并保护好事故现场。

（2）组织调查组。

（3）分析事故原因，明确责任者。

（4）制定预防措施。

（5）提出处理意见，写出调查报告。

（6）事故的审定和结案。

（7）员工伤亡事故登记记录。

### 2.4.3 检查安全计划的落实

建设工程施工生产全过程中，施工单位应对施工现场安全生产进行安全检查，从而发现安全隐患等安全问题，并落实人员进行整改、消除隐患，同时，安全检查还包括对施工现场安全生产管理制度、安全管理资料（安全记录）等的检查。

1. 安全检查

安全检查是指施工企业安全生产管理部门、检查部门或项目经理部对企业贯彻国家安全生产法律法规的情况、安全生产情况、劳动条件、事故隐患等所进行的检查。

工程项目安全检查的目的是消除隐患、防止事故、改善劳动条件及提高员工的安全生产意识，是安全控制工作的一项重要内容。通过安全检查可以发现工程中的危险因素，以便有计划地采取措施，保证安全生产。施工项目的安全检查应由项目经理组织进行。

2. 安全检查的类型

安全检查可以分为日常性检查、专业检查、季节性检查、节假日前后检查和不定期检查。

（1）日常性检查

日常性检查即经常的、普遍的检查。企业一般每年进行1～4次；工程项目组、车间每月至少一次；班组每周、班次都应进行检查。专职安全技术人员的日常检查应该有计划地针对重点部位、重点危险源周期性地进行。

（2）专业性检查

专业性检查是针对特种作业、特种设备、特殊场所进行的检查，如针对电焊、气焊、起重设备、运输车辆、锅炉压力容器、易燃易爆场所等进行的检查。

（3）季节性检查

季节性检查是指根据季节特点，为保障安全生产的特殊需要所进行的检查。如春季的防火、防爆检查；夏季防暑、防洪、降温、防雷击、防触电检查；冬季防寒、防冻检查等。

（4）节假日前后的检查

节假日前后的检查是针对节假日期间容易产生麻痹思想的特点而进行的安全检查，包括节日前进行安全生产综合检查，节日后要进行遵章守纪的检查等。

（5）不定期检查

不定期检查是指在工程或设备开工和停工前、检修中、工程或设备竣工及试运转时进行的安全检查。

3. 安全检查的主要内容

（1）查思想

主要检查企业的领导和职工对安全生产工作的认识。

（2）查管理

主要检查工程的安全生产管理是否有效。主要内容包括：安全生产责任制、安全技术措施计划、安全组织机构、安全保证措施、安全技术交底、安全教育、持证上岗、安全设施、安全标识、操作规程、违规行为以及安全记录等。

（3）查隐患

主要检查作业现场是否符合安全生产、文明生产的要求。

（4）查整改

主要检查对过去提出问题的整改情况。

（5）查事故处理

对安全事故的处理应达到查明事故原因、明确责任并对责任者做出处理、明确和落实整改措施等要求。同时还应检查对伤亡事故是否做到及时报告、认真调查、严肃处理。

安全检查的重点是违章作业和违章指挥。安全检查后应编制安全检查报告，说明已达标项目、未达标项目、存在问题、原因分析、纠正和预防措施。

4. 安全检查的要求

（1）根据施工生产的特点，法律法规、标准规范和施工企业规章制度的要求，以及安装检查的目的确定。

（2）按照安全检查的内容逐一进行检查。

（3）根据安全检查的形式和内容，明确检查的牵头和参加部门及专业人员，并进行分工。

(4) 根据安全检查的内容，确定具体的检查项目及标准和检查评分方法，同时可编制相应的安全检查评分表。

(5) 按检查评分表的规定逐项对照评分，并做好具体的记录，特别是不安全的因素和扣分原因。

5. 工程安全检查重点内容

按照建设工程项目的施工阶段划分，包括施工准备阶段、基础施工阶段、主体结构施工阶段、装饰施工阶段、竣工验收阶段等，其检查重点为：

(1) 施工准备阶段

①对施工现场及毗邻区域的地下管线、地下工程等，要组织专人进行专项监控与检查。

②施工现场毗邻有建筑物、构筑物及高压架空线路时，要在施工组织设计中采取相应的安全技术措施和专项保护措施，确保施工安全。

③在现场内设置金属加工、搅拌站时，要尽量远离居民区及交通要道，防止施工中噪声扰民。

④施工现场应按照文明施工的要求进行施工。

(2) 基础施工阶段

①土方工程中应注意降水设备和临时用电的安全管理。

②土方工程施工前，应编制专项施工方案，制定具有针对性的安全技术措施并进行安全交底。

③应检查挖土机械作业是否安全。

④应检查防水施工时的防火、防毒技术措施。

⑤土方开挖时，应注意基坑边坡防护的安全。

⑥人工挖孔桩施工时，应注意塌孔、通风、照明等方面的安全。

(3) 工程竣工阶段

①脚手架的拆除安全管理。

②起重机械的拆除安全管理。

③工程现场清理工作等等。

对于按照施工安全计划检查出的安全隐患，应按照“五定”的原则进行整改和处理，即定整改责任人、定整改措施、定整改时间、定整改完成人、定整改验收人。落实整改并经复查，使工程项目施工安全保持在受控状态。对于重复出现的问题，不仅要分析原因，给予纠正，而且对于整改不力的有关责任人，应给予处罚。

### 2.4.4 完善改进安全计划

施工单位施工现场项目负责人应定期组织具有资格的安全生产管理人员验证建

设工程施工安全计划的实施效果。当建设工程施工安全管理中存在安全问题或安全隐患时，应提出解决措施。每次验证应做出记录，并予以保存。对重复出现的安全隐患问题，不仅要分析原因、采取措施、给予纠正，而且要追究责任，给予处罚。

施工单位应不断改进工程项目安全业绩，坚持持续改进，不断提高安全管理体系及过程的有效性和效率。安全计划的改进，是工程项目施工安全最重要的内容，这种改进，使工程项目的施工安全保证得到增强，提高安全管理效率。完善改进安全计划的方法如下：

（1）坚持安全管理体系的PDCA方法

根据PDCA循环原理，安全计划经过计划、实施、检查、处置的循环改进，解决了原有计划中的不足之处，随着新的安全问题的出现，需要不断解决再得到提高。每次循环都将安全计划的完整性、科学性、可操作性等推向一个崭新的高度。

（2）坚持“三全”的动态管理

由于建设工程规模较大，生产工艺复杂、工序多，在建设过程中流动作业多，高处作业多，施工环境多变，遇到的不确定因素多，建设工程施工安全计划应涉及到工程现场的各个方面。另外，建设工程的单件性，使得每项工程所处的条件不同，所面临的因素和防范措施也会有所改变，这就决定了安全计划将会有所改变。从工程建设的前期准备到工程施工阶段，再到工程竣工阶段，整个工程建设过程都离不开安全管理。因此在安全计划的改进上，应坚持全员参与管理、全过程安全管理、全面进行安全管理的动态管理方法。

（3）坚持运用先进的科学技术和管理方法

建设工程施工安全计划的改进，必须依靠先进的科学技术和现代管理方法。好的改进方法应有好的科学技术做后盾，例如现场旁站检查改为电视监控检查，采用先进手持探测仪进行有害气体的测定等技术都会大大提高安全检查的效率和精度，改变原有安全计划的方法和手段。另外先进的、科学的管理理念将会直接影响到安全计划改进的程度和方向。

## 复习思考题

1. 试述安全管理的基本理论。
2. 简述PDCA循环原理的内容。
3. 安全生产管理体系包括哪几方面的内容。
4. 简述完善安全计划的方法。

# 第3章 公路工程安全管理规划

**本章概要**

熟悉工程安全规划的原则；熟悉安全事故救援规划的制订；掌握工程安全计划的内容及编制方法。

## 3.1 概述

近年来，随着我国法律制度的完善和人们安全意识的提高，安全管理成为工程管理中的重要内容。若要做好安全管理工作，安全管理规划是一个关键环节。

公路工程安全规划是指通过识别和评价公路工程生产中的危险源和环境因素，确定安全目标（含环境目标），并规定必要的控制措施、资源和活动顺序要求，编制建设工程施工安全计划（也称为安全生产保证计划或安全保证计划），并组织实施，以实现安全目标的活动。

### 3.1.1 工程安全规划的原则

工程施工安全规划，是关于工程施工安全目的、控制、方法等方面的统筹规划，对于工程施工安全规划的理解，应遵循如下原则。

1. 目标导向原则

安全策划，首先应坚持目标导向的原则，即通过对施工现场危险源和环境因素的识别、评价，依据法律法规要求，以及技术、财务、运行和经营的要求等，确定安全目标，实施公路工程施工安全管理和控制，努力去实现该目标。坚持目标导向原则，体现了现代安全管理思想。

2. 预控原则

安全策划必须坚持**“预防为主”**的原则，应体现安全管理和控制的预知预控作用，针对公路工程施工现场施工生产全过程制定预控措施。

3. 系统原则

公路工程施工安全管理是与投资管理、进度管理和质量管理同时进行的，是针对整个公路工程目标系统所实施的管理活动的一个组成部分，在实施安全管理和控制的同时需要满足预定的投资目标、进度目标和质量目标。因此，在工程施工安全管理的过程中，要协调好与投资管理、进度管理和质量管理的关系，做到四大目标管理的有机配合和相互平衡，而不能片面强调施工安全管理。

4. 全过程和全方位原则

全过程原则就是安全管理要覆盖公路工程施工生产的全过程和全部内容，使安全措施贯穿于施工生产的全过程，以实现系统的安全。全方位原则，即对公路工程所有工作内容的安全生产进行管理；对公路工程安全目标的所有内容进行管理；对影响公路工程安全日标的所有因素进行管理等。

5. 动态管理和控制原则

公路工程施工生产的全过程中不安全因素是不同的、动态的，必须对施工安全生产实施动态管理和控制。

6. 可行性、可操作性与针对性原则

安全策划应尊重实际情况，实事求是，使其方案具有可行性、可操作性，安全技术与管理措施应具有针对性。

1. 实效的最优化原则

在确保安全目标的前提下，不盲目地增大工程项目安全生产资金的投入，又不得通过取消或减少安全技术措施经费等来降低资金投入，应在经济投入、人力投入和物资投入上坚持最优化原则。

2. 持续改进原则

公路工程施工安全生产是一种动态的生产活动，安全策划必须坚持持续改进原则，以适应变化的生产活动，不断提高公路工程施工安全管理水平。

### 3.1.2 工程安全规划的主要内容

1. 安全规划的依据

（1）国家和地方安全生产、劳动保护、环境保护、消防等方面的法律法规和方针政策。

（2）国家和地方公路工程安全生产法律法规和方针政策。

（3）公路工程安全生产技术规范、规程、标准和其他依据等。

2. 工程概况

（1）本工程项目施工所承担的任务及范围。

（2）本工程项目性质、地理位置及特殊要求。

（3）新建、改建、扩建前的职业安全卫生状况。

（4）主要工艺、材料、设备及主要危害概述等。

3. 安全目标

安全目标是实施工程施工安全管理所要达到的各项具体指标，是安全管理和控制的努力方向，是工程项目编制安全控制计划的依据。常见的安全管理目标主要包括：

（1）伤亡事故控制目标：坚决杜绝工程死亡事故的发生，避免重伤事故的发生，一般事故应用控制指标。

（2）安全达标目标：根据工程特点，按照部位和检验批制定安全达标的具体目标，对安全目标进行细致分解，落实到位。

（3）文明施工实现目标：根据作业条件，制定文明施工的具体方案和实现文明工地的目标。建立以项目经理为第一责任人的文明施工组织，实现现场良好的作业环境、卫生环境和工作秩序。

4. 对危险源与环境因素的识别、评价和控制策划

危险源（hazard），是指可能导致伤害、疾病、财产损失、工作环境破坏或这些情况组合的根源或状态。

在工程安全管理中，对危险源的识别至关重要，对危险源识别的准确性，也是安全控制的重要依据。根据危险源在事件发生中的作用，可将其分为两类：一类危险源和二类危险源。

第一类危险源是指可能向外释放能量的载体或危险物质。通常把产生或能够向外释放能量的载体作为第一类危险源处理。

第二类危险源是指造成约束、限制能量释放的措施失效或破坏的各种不安全因素。在正常的约束或限制下，生产过程中的能量不会向外释放，但是一旦这些约束或限制发生破坏或失效，则将发生事故。第二类危险源包括人的不安全行为、物的不安全状态和不良的环境条件等三个方面。

根据公路工程的规模、类型、特点及自身管理水平等情况，施工单位应充分识别各个施工阶段、部位和场所所需控制的危险源与环境因素，列出清单，并采用适当的方法，评价已识别的全部危险源与环境因素对施工现场场界内外的影响，将其中导致事故发生的可能性较大，且事故发生会造成严重后果的危险源定义为重大危险源或重大环境因素。同时，建立管理档案，其内容应包括对危险源与环境因素识

别、评价的结果和清单。

根据评价结果，结合法律法规、标准规范要求，施工单位应策划对危险源与环境因素的控制并形成文件。

施工过程中，当工程变更、施工方案改变、法规修订、发生安全事故等内外条件发生变化时，施工单位应及时更新对危险源与环境因素的识别、评价和控制策划的结果。

下面列举一些常见的危险因素，来明确施工现场的安全规划。职业安全健康危害辨识与风险评价调查表，见表3-1～表3-9，职业安全健康危害辨识与风险评价结果一览表，见表3-10。

5.适用法律法规、标准规范和其他要求

根据公路工程所在地的实际情况，施工单位应建立有效渠道，识别并获取适用于公路工程施工现场安全生产、劳动保护、环境保护、职业健康安全、消防等方面的法律法规与标准规范，并编制适用法律法规，标准规范和其他要求的清单。

近年来，我国陆续颁布了《公路法》、《安全生产法》、《建设工程安全生产管理条例》、《安全生产许可证条例》、《建筑施工企业安全生产许可证管理规定》、《公路工程施工安全技术规程》、《施工企业安全生产评价标准》和《危险性较大工程安全专项施工方案编制及专家论证审查办法》等建设工程安全生产法律法规、标准规范和规范性文件。

当法律法规或其他要求修订、变化时，施工单位应及时更新适用法律法规、标准规范和其他要求清单。

6.安全保证体系

安全保证体系是实现现场安全管理的重要保证，主要包括组织保证体系、制度保证体系、技术保证体系、投入保证体系和信息保证体系等内容。

7.主要安全措施

（1）针对危险源和重要环境因素，编制相应的安全技术措施，制定出具体的防护措施、安全操作规定和作业安全注意事项。

（2）对专业性强、危险性大的项目，必须编制专项施工方案，制定详细的安全技术和安全管理措施。

（3）按照爆炸和火灾危险场所的类别、等级、范围选择电气设备的安全距离及防雷、防静电、防止操作等设施。

（4）落实高处作业、临边作业等危险场所、部位，以及冬期、雨期、夏季高温天气、夜间施工等危险期间应采用的安全防护设备、安全设施等安全措施。

（5）对可能发生的事故做出的应急救援预案，落实抢救、疏散和应急等措施。

评价项目：焊接

**职业安全健康危害辨识与风险评价调查**

表 3-1

| 序号 | 工艺（作业）活动 | 危险因素 | 可能导致的事故 | 涉及相关方 | 作业条件风险性评价 | | | | 现有控制措施 | 备注 |
|---|---|---|---|---|---|---|---|---|---|---|
| | | | | | L | E | C | D | | |
| 1 | 焊接 | 使用电气设备前未按规定穿戴和配备好相应的劳动防护用品 | 人员伤害<br>触电 | 职工 | 6 | 6 | 3 | 108 | 按公司检查标准把关 | |
| 2 | 焊接 | 焊接时没有监护人员 | 人员伤害 | 职工 | 6 | 3 | 3 | 54 | 按操作规程现场把关 | |
| 3 | 焊接 | 更换焊条赤手操作 | 人员伤害 | 职工 | 6 | 6 | 1 | 36 | 按操作规程现场把关 | |

评价项目：施工用电

**职业安全健康危害辨识与风险评价调查**

表 3-2

| 序号 | 工艺（作业）活动 | 危险因素 | 可能导致的事故 | 涉及相关方 | 作业条件风险性评价 | | | | 现有控制措施 | 备注 |
|---|---|---|---|---|---|---|---|---|---|---|
| | | | | | L | E | C | D | | |
| 1 | 安装使用 | 开关箱无漏电保护器或漏电保护器失灵 | 人员伤害<br>触电 | 现场人员 | 3 | 10 | 3 | 90 | 按公司检查标准把关 | |
| 2 | 安装使用 | 室内配线没有短路保护和过载保护，短路保护和过载保护电器与绝缘导线、电缆的选配不符合规范要求 | 人员伤害<br>设备损坏<br>触电 | 现场人员 | 1 | 10 | 7 | 70 | 按公司检查标准把关 | |

续上表

| 序号 | 工艺（作业）活动 | 危险因素 | 可能导致的事故 | 涉及相关方 | 作业条件风险性评价 | | | | 现有控制措施 | 备注 |
|---|---|---|---|---|---|---|---|---|---|---|
| | | | | | L | E | C | D | | |
| 3 | 安装使用 | 电气设备现场周围存放易燃易爆物，污源未清除或做防护处置 | 人员伤害<br>设备损坏<br>触电 | 现场人员 | 3 | 3 | 7 | 63 | 按公司检查标准把关 | |
| 4 | 安装使用 | 保护零线没有工作接地线，总漏电保护器电源侧零线未引出 | 人员伤害<br>设备损坏<br>触电 | 现场人员 | 6 | 3 | 3 | 54 | 按公司检查标准把关 | |
| 5 | 安装使用 | 水泵的负荷线未采用防水橡皮护套，铜芯软电缆或接头有部分破损 | 人员伤害<br>设备损坏<br>触电 | 职工<br>外来人员 | 1 | 6 | 7 | 42 | 按公司检查标准把关 | |
| 6 | 安装使用 | 施工现场的临时用电电力系统利用大地做相线或零线 | 人员伤害<br>设备损坏<br>触电 | 职工<br>周围人员 | 6 | 2 | 3 | 36 | 按公司检查标准把关 | |

评价项目：装载机

**职业安全健康危害辨识与风险评价调查**

表 3-3

| 序号 | 工艺（作业）活动 | 危险因素 | 可能导致的事故 | 涉及相关方 | 作业条件风险性评价 | | | | 现有控制措施 | 备注 |
|---|---|---|---|---|---|---|---|---|---|---|
| | | | | | L | E | C | D | | |
| 1 | 后台上料 | 装载机上料和返回装料时行驶速度过快 | 人员伤害 | 现场人员 | 6 | 3 | 6 | 108 | 按公司检查标准把关 | |
| 2 | 后台上料 | 将装载机交给无证人员操作 | 人员伤害<br>机械损坏 | 操作手<br>现场人员 | 3 | 3 | 7 | 63 | 按公司检查标准把关 | |
| 3 | 后台上料 | 疲劳驾驶、带病作业 | 人员伤害<br>机械损坏 | 操作手<br>现场人员 | 1 | 6 | 7 | 42 | 按公司检查标准把关 | |

评价项目：拌和站

**职业安全健康危害辨识与风险评价调查**

表 3-4

| 序号 | 工艺（作业）活动 | 危险因素 | 可能导致的事故 | 涉及相关方 | 作业条件风险性评价 | | | | 现有控制措施 | 备注 |
|---|---|---|---|---|---|---|---|---|---|---|
| | | | | | L | E | C | D | | |
| 1 | 安装 | 对加热炉及设备未作全面检查，各种仪表不齐全，泵、阀门、循环系统和安全附件不符合技术要求，超压、超温报警系统不可靠 | 人员伤害<br>设备损坏 | 现场人员 | 0.5 | 10 | 15 | 75 | 按公司检查标准把关 | |
| 2 | 安装 | 吊车底下有人行走 | 人员伤害 | 现场人员 | 6 | 3 | 3 | 54 | 按公司检查标准把关 | |
| 3 | 拌和 | 搅拌臂及叶桨的紧固状况未经常检查，如有松动 | 设备损坏 | 出租方 | 0.5 | 6 | 15 | 45 | 按公司检查标准把关 | |
| 4 | 拌和 | 拌和机仓壁振动器在作业中发生铁心和衔铁碰撞 | 设备损坏 | 出租方 | 1 | 6 | 7 | 42 | 按公司检查标准把关 | |
| 5 | 拌和 | 仓内不出料时，使用振动器 | 设备损坏 | 出租方 | 6 | 6 | 1 | 36 | 按公司检查标准把关 | |
| 6 | 注入 | 向储油罐注入沥青时，当浮标指标达到允许最大容量时，未及时停止注入 | 人员伤害<br>设备损坏 | 出租方<br>现场人员 | 3 | 3 | 3 | 27 | 按公司检查标准把关 | |

评价项目：职工宿舍

**职业安全健康危害辨识与风险评价调查**

表 3-5

| 序号 | 工艺（作业）活动 | 危险因素 | 可能导致的事故 | 涉及相关方 | 作业条件风险性评价 | | | | 现有控制措施 | 备注 |
|---|---|---|---|---|---|---|---|---|---|---|
| | | | | | L | E | C | D | | |
| 1 | 宿舍 | 私自接电线或使用超负荷电器设备 | 火灾<br>触电 | 职工 | 6 | 3 | 3 | 54 | 按规章制度现场检查把关 | |
| 2 | 宿舍 | 人离开后用电设备未处于断电状态 | 火灾 | 职工 | 6 | 6 | 1 | 36 | 按规章制度现场检查把关 | |
| 3 | 宿舍 | 躺在床上吸烟 | 烧伤<br>火灾 | 职工 | 10 | 3 | 1 | 30 | 按规章制度现场检查把关 | |

评价项目：后勤

**职业安全健康危害辨识与风险评价调查**

表 3-6

| 序号 | 工艺（作业）活动 | 危险因素 | 可能导致的事故 | 涉及相关方 | 作业条件风险性评价 | | | | 现有控制措施 | 备注 |
|---|---|---|---|---|---|---|---|---|---|---|
| | | | | | L | E | C | D | | |
| 1 | 食堂 | 气罐与炉具距离近 | 人员伤害<br>火灾 | 职工 | 6 | 3 | 3 | 54 | 按规章制度现场检查把关 | |
| 2 | 食堂 | 炊事人员没有健康证 | 传染病 | 职工 | 6 | 6 | 1 | 36 | 按规章制度现场检查把关 | |
| 3 | 食堂 | 餐具、器具不卫生 | 传染病 | 职工 | 10 | 3 | 1 | 30 | 按规章制度现场检查把关 | |

评价项目：试验室

**职业安全健康危害辨识与风险评价调查**

表 3-7

| 序号 | 工艺（作业）活动 | 危险因素 | 可能导致的事故 | 涉及相关方 | 作业条件风险性评价 | | | | 现有控制措施 | 备注 |
|---|---|---|---|---|---|---|---|---|---|---|
| | | | | | L | E | C | D | | |
| 1 | 制作无侧限抗压试件 | 钢筋插捣、压力机压实 | 人员伤害 | 职工 | 10 | 6 | 1 | 60 | 按公司检查标准把关 | |
| 2 | 沥青试验 | 操作不认真 | 烫伤 | 职工 | 6 | 3 | 3 | 54 | 按公司检查标准把关 | |
| 3 | 含水量测定 | 酒精燃烧法 | 烧伤 | 职工 | 6 | 2 | 3 | 36 | 按公司检查标准把关 | |
| 4 | EDTA 滴定 | 药品腐蚀 | 皮肤烧伤 | 职工 | 3 | 3 | 3 | 27 | 按公司检查标准把关 | |

评价项目：砂砾垫层

**职业安全健康危害辨识与风险评价调查**

表 3-8

| 序号 | 工艺（作业）活动 | 危险因素 | 可能导致的事故 | 涉及相关方 | 作业条件风险性评价 | | | | 现有控制措施 | 备注 |
|---|---|---|---|---|---|---|---|---|---|---|
| | | | | | L | E | C | D | | |
| 1 | 砂砾垫层 | 车辆不听从指挥 | 人员伤害<br>设备损坏 | 施工人员 | 6 | 2 | 7 | 84 | 按公司检查标准严格把关 | |
| 2 | 砂砾垫层 | 施工车辆、机械操作人员将车交给无证人员驾驶 | 人员伤害<br>设备损坏 | 施工人员 | 1 | 6 | 7 | 42 | 按公司检查标准严格把关 | |
| 3 | 砂砾垫层 | 现场标识摆放位置 | 人员伤害 | 施工人员 | 6 | 6 | 1 | 36 | 按公司检查标准严格把关 | |

评价项目：基层、面层

**职业安全健康危害辨识与风险评价调查**

表 3-9

| 序号 | 工艺（作业）活动 | 危 险 因 素 | 可能导致的事故 | 涉及相关方 | 作业条件风险性评价 | | | | 现有控制措施 | 备注 |
|---|---|---|---|---|---|---|---|---|---|---|
| | | | | | L | E | C | D | | |
| 1 | 基层、面层 | 车辆不听从指挥 | 人员伤害<br>设备损坏 | 施工人员 | 6 | 2 | 7 | 84 | 按公司检查标准严格把关 | |
| 2 | 基层、面层 | 压路机未停放在平坦、坚实并对交通及施工作业无妨碍的地方；停放在坡道上时，前后轮未支垫三角木 | 人员伤害<br>设备损坏 | 施工人员 | 3 | 6 | 3 | 54 | 按机械设备管理办法把关 | |
| 3 | 基层、面层 | 施工车辆、机械操作人员将车交给无证人员驾驶 | 人员伤害<br>设备损坏 | 施工人员 | 1 | 6 | 7 | 42 | 按公司检查标准严格把关 | |
| 4 | 基层、面层 | 现场标识摆放位置 | 人员伤害 | 施工人员 | 6 | 6 | 1 | 36 | 按公司检查标准严格把关 | |
| 5 | 基层、面层 | 压路机没有熄火、下无支垫三角木的情况下，进行机下检修 | 人员伤害<br>设备损坏 | 修理工<br>施工人员 | 1 | 3 | 7 | 21 | 按机械设备管理办法把关 | |

**职业安全健康危害辨识与风险评价结果一览表**

表 3-10

| 序号 | 工艺（作业）活动 | 危险因素 | | 可能导致的事故 | 判别依据（a～e） | 作业条件风险性评价 | | | | 风险级别 | 现有控制措施 | 备注 |
|---|---|---|---|---|---|---|---|---|---|---|---|---|
| | | | | | | L | E | C | D | | | |
| 一 | 施工用电 | 1 | 使用电气设备前未按规定穿戴和配备好相应的劳动防护用品，并未检查电气装置和保护设施 | 设备损坏<br>触电 | e | 6 | 6 | 3 | 108 | 3 | 按施工现场临时用电安全技术规范把关 | |
| | | 2 | 开关箱无漏电保护器或漏电保护器失灵 | 人员伤害<br>触电 | e | 1 | 6 | 15 | 90 | 3 | 按公司检查标准把关 | |
| | | 3 | 室内配线没有短路保护和过载保护，短路保护和过载保护电器与绝缘导线、电缆的选配不符合规范要求 | 人员伤害<br>设备损坏<br>触电 | e | 1 | 10 | 7 | 70 | 2 | 按施工现场临时用电安全技术规范把关 | |
| | | 4 | 电气设备现场周围存放易燃易爆物、污源未清除或未做防护处置；保护零线没有工作接地线，总漏电保护器电源侧零线未引出 | 人员伤害<br>设备损坏<br>触电 | e | 3 | 3 | 7 | 63 | 2 | 按施工现场临时用电安全技术规范把关 | |
| | | 5 | 使用电焊机械焊接时未穿戴防护用品，露天冒雨从事电焊作业；水泵的负荷线未采用防水橡皮护套；铜芯软电缆或接头有部分破损 | 人员伤害<br>设备损坏<br>触电 | e | 3 | 6 | 3 | 54 | 2 | 按施工现场临时用电安全技术规范把关 | |
| | | 6 | 施工现场的临时用电电力系统利用大地做相线或零线 | 人员伤害<br>设备损坏<br>触电 | e | 1 | 6 | 7 | 42 | 2 | 按施工现场临时用电安全技术规范把关 | |

注：判别依据中“a”为不符合法律、法规及其他要求；“b”为曾经发生过事故仍未采取有效控制措施；“c”为相关方有合理抱怨或要求；“d”为直接观察到可能导致事故的风险，且无适当控制措施；“e”为 LEC 法定量评价。

续上表

| 序号 | 工艺（作业）活动 | | 危 险 因 素 | 可能导致的事故 | 判别依据（a～e） | 作业条件风险性评价 | | | | 风险级别 | 现有控制措施 | 备注 |
|---|---|---|---|---|---|---|---|---|---|---|---|---|
| | | | | | | L | E | C | D | | | |
| 二 | 路面工程 | 1 | 场内自卸汽车不听从指挥，超速行驶 | 人员伤害<br>设备损坏 | e | 6 | 6 | 3 | 108 | 3 | 按公司检查标准把关 | |
| | | 2 | 装载机上料和返回装料时行驶速度过快 | 人员伤害<br>设备损坏 | e | 3 | 10 | 3 | 90 | 3 | 按机械设备管理办法把关 | |
| | | 3 | 拌和站场内施工人员不正确佩戴安全劳动保护用品 | 人员伤害 | e | 6 | 2 | 7 | 84 | 2 | 按公司检查标准把关 | |
| | | 4 | 沥青混凝土运输车辆带病行使，设备失灵，疲劳驾驶 | 人员伤害<br>设备损坏 | e | 3 | 3 | 7 | 63 | 2 | 按公司检查标准把关 | |
| | | 5 | 拌和机仓壁振动器在作业中铁心和衔铁碰撞；仓内不出料时，使用振动器 | 设备损坏 | e | 1 | 6 | | 60 | 2 | 按公司检查标准把关 | |
| | | 6 | 洒水车驾驶室外载人或在上下坡及弯道运行中，高速行驶，并紧急制动 | 人员伤害<br>设备损坏 | e | 3 | 6 | 3 | 54 | 2 | 按公司检查标准把关 | |
| | | 7 | 压路机应未停放在平坦、坚实并对交通及施工作业无妨碍的地方；停放在坡道上时，前后轮未支垫三角木 | 人员伤害<br>设备损坏 | e | 3 | 6 | 3 | 54 | 2 | 按机械设备管理办法把关 | |

注：判别依据中“a”为不符合法律、法规及其他要求；“b”为曾经发生过事故仍未采取有效控制措施；“c”为相关方有合理抱怨或要求；“d”为直接观察到可能导致事故的风险，且无适当控制措施；“e”为 LEC 法定量评价。

续上表

| 序号 | 工艺（作业）活动 | | 危 险 因 素 | 可能导致的事故 | 判别依据（a～e） | 作业条件风险性评价 | | | | 风险级别 | 现有控制措施 | 备注 |
|---|---|---|---|---|---|---|---|---|---|---|---|---|
| | | | | | | L | E | C | D | | | |
| 二 | 路面工程 | 8 | 对加热炉及设备未作全面检查；各种仪表不齐全；泵、阀门、循环系统和安全附件不符合技术要求；超压、超温报警系统应不可靠 | 人员伤害<br>设备损坏 | e | 1 | 3 | 15 | 45 | 2 | 按施工现场临时用电安全技术规范把关 | |
| | | 9 | 搅拌臂及叶桨的紧固状况未经常检查，如有松动 | 人员伤害<br>设备损坏 | e | 1 | 6 | 7 | 42 | 2 | 按施工现场临时用电安全技术规范把关 | |
| | | 10 | 摊铺机作业时无关人员在驾驶台上逗留，驾驶员擅离岗位 | 人员伤害<br>设备损坏 | e | 3 | 2 | 7 | 42 | 2 | 按机械设备管理办法把关 | |
| | | 11 | 夜间施工时，现场没有的照明设备 | 人员伤害<br>设备损坏 | e | 0.5 | 10 | 7 | 35 | 2 | 按施工现场临时用电安全技术规范把关 | |
| | | 12 | 向储油罐注入沥青时，当浮标指标达到允许最大容量时，未及时停止注入 | 人员伤害<br>设备损坏 | e | 1 | 10 | 3 | 30 | 2 | 按施工现场临时用电安全技术规范把关 | |
| | | 13 | 压路机没有熄火、下无支垫三角木的情况下，进行机下检修 | 人员伤害<br>设备损坏 | e | 1 | 3 | 7 | 21 | 2 | 按机械设备管理办法把关 | |

注：判别依据中“a”为不符合法律、法规及其他要求；“b”为曾经发生过事故仍未采取有效控制措施；“c”为相关方有合理抱怨或要求；“d”为直接观察到可能导致事故的风险，且无适当控制措施；“e”为 LEC 法定量评价。

续上表

| 序号 | 工艺（作业）活动 | 危险因素 | | 可能导致的事故 | 判别依据（a～e） | 作业条件风险性评价 | | | | 风险级别 | 现有控制措施 | 备注 |
|---|---|---|---|---|---|---|---|---|---|---|---|---|
| | | | | | | L | E | C | D | | | |
| 三 | 生活、办公区 | 1 | 人离开后用电设备未处于断电状态 | 火灾 | e | 1 | 10 | 7 | 70 | 2 | 按规章制度现场检查把关 | |
| | | 2 | 私自接电线或使用超负荷电器设备；躺在床上吸烟 | 火灾<br>触电 | e | 3 | 3 | 7 | 63 | 2 | 按规章制度现场检查把关 | |
| | | 3 | 沥青试验，操作不认真 | 烫伤 | e | 10 | 6 | 1 | 60 | 2 | 按规章制度现场检查把关 | |
| | | 4 | 炊事灶具使用不当 | 人员伤害<br>火灾 | e | 3 | 6 | 3 | 54 | 2 | 按规章制度现场检查把关 | |
| | | 5 | 含水量测定；酒精燃烧法 | 烧伤 | e | 6 | 2 | 3 | 36 | 2 | 按规章制度现场检查把关 | |
| | | 6 | 炊事人员没有健康证；餐具、器具不卫生 | 传染病 | e | 0.5 | 10 | 7 | 35 | 2 | 按规章制度现场检查把关 | |
| | | 7 | 制作无侧限抗压试件；钢筋插捣、压力机压实 | 砸伤 | e | 3 | 10 | 1 | 30 | 2 | 按规章制度现场检查把关 | |
| | | 8 | EDTA 滴定；药品腐蚀 | 皮肤烧伤 | e | 10 | 2 | 1 | 20 | 2 | 按规章制度现场检查把关 | |

注：判别依据中“a”为不符合法律、法规及其他要求；“b”为曾经发生过事故仍未采取有效控制措施；“c”为相关方有合理抱怨或要求；“d”为直接观察到可能导致事故的风险，且无适当控制措施；“e”为 LEC 法定量评价。

8. 安全检查

公路工程施工生产中的安全检查内容应包括安全生产责任制、施工组织设计、专项施工方案、公路工程施工安全计划、安全组织机构、安全技术管理、安全教育培训、设备安全管理、安全持证上岗、安全设施、安全警示标识、操作行为、违规管理、安全记录等。

9. 文件控制

施工单位应针对具体工程，如脚手架工程、模板工程、高空作业、施工机械作业、临时用电、起重吊装工程、动用明火等，确定并制定施工过程中应执行的文件、规范，并制定具有针对性的安全技术交底文本。

10. 安全记录

施工单位应制定安全记录表格，确定、整理和记录进行各种安全活动的人员和职责。安全记录应准确、真实，工程现场应具有完整的安全检查、安全交底、安全整改、安全培训等记录，以供检查和指导现场施工使用。

11. 编制公路工程施工安全计划

施工单位应针对公路工程的类型和特点，依据对危险源和环境因素的识别、评价和控制策划结果，及适用法律法规、标准规范和其他要求，确定安全目标，在开工前进行施工现场公路工程施工安全计划的规划和编制，经施工现场项目经理报上级企业机构审批后组织实施。

公路工程施工安全计划是生产计划的重要组成部分，已经成为按计划改善劳动条件，搞好安全生产工作的一项行之有效的制度。

## 3.2 安全管理目标及安全保证体系规划

安全目标是实施公路工程施工安全管理所要达到的各项具体指标，是安全管理和控制的努力方向。

### 3.2.1 安全管理目标规划

1. 安全目标制定时应考虑的因素

(1) 上级机构的整体安全生产方针和目标。

(2) 对危险源和环境因素识别、评价和控制策划的结果。

(3) 适用法律法规、标准规范和其他要求。

(4) 可以选择的技术方案。

(5) 财务、运行和经营上的要求。

(6) 相关方的意见等。

2. 安全目标的内容

安全目标的内容一般包括如下几方面:

(1) 杜绝重大伤亡、设备、管线、火灾和环境污染事故。

(2) 一般事故频率控制目标。

(3) 安全标准化工地创建目标。

(4) 文明工地创建目标。

(5) 遵循安全生产、劳动保护、文明施工、环境保护方面有关法律法规和标准规范以及对员工和社会的承诺。

(6) 其他需满足的总体目标。

3. 安全目标制定的要求

(1) 制定的目标要明确、具体、具有针对性,针对项目经理部各层次,目标要进行分解,目标应可量化。

(2) 明确技术措施及可选技术方案。

(3) 明确责任部门及责任人。

(4) 明确完成期限等。

### 3.2.2 安全保证体系规划

安全保证体系主要包括组织保证体系、制度保证体系、技术保证体系、投入保证体系和信息保证体系等。

### 3.2.3 组织保证体系

组织保证体系主要包括安全生产管理委员会(小组)、安全生产管理机构和专职安全生产管理人员。

1. 安全生产管理委员会(小组)

施工现场的安全生产管理委员会(小组)的主要职责包括:负责贯彻执行国家有关安全生产、公路工程安全生产、劳动保护、环境保护、消防等方面的法律法规;对工程项目安全生产的重大事项作出决策;制定工程项目的安全生产规划和各项安全管理制度;定期进行全面的安全生产大检查,召开专门会议,分析安全生产事务,并制定包括消除重大安全隐患的预防措施;协助上级主管部门进行伤亡事故的调查、分析和处理等。

2. 安全生产管理机构

安全生产管理机构的职责主要包括：落实国家有关安全生产、公路工程安全生产、劳动保护、环境保护、消防等方面的法律法规、标准规范和工程建设法制性标准；编制并适时更新安全生产管理制度；组织开展全员安全教育培训及安全检查活动；监督安全生产措施的落实；及时整改各种安全事故隐患以及进行日常的安全检查等。

3. 专职安全生产管理人员

专职安全生产管理人员的职责是负责施工现场安全生产巡视督查，并作好记录；发现现场存在安全事故隐患时，及时向企业安全生产管理机构和工程项目经理报告；对于违章指挥、违章操作的，应当立即制止等。

公路工程项目应当成立由施工单位项目经理负责的安全生产管理小组，小组成员应包括企业派驻到项目的专职安全生产管理人员。

采用新技术、新工艺、新材料或致害因素多、施工作业难度大的工程项目，施工现场专职安全生产管理人员的数量应当根据施工实际情况，在规定的配置标准上增配。

施工作业班组应设置兼职安全巡查员，对本班组的作业场所进行安全监督检查。

### 3.2.4 制度保证体系

制度保证体系是指安全生产管理制度，主要包括：安全生产许可证制度、安全生产责任制度、安全生产教育培训制度、安全生产资金保障制度、安全生产管理机构和专职人员制度、特种人员持证上岗制度、安全技术措施制度、专项施工方案专家论证审查制度、施工前详细说明制度（安全技术交底制度）、消防安全责任制度、防护用品及设备管理制度、起重机械和设备设施验收登记制度、三类人员考核任职制度、意外伤害保险制度、安全事故应急救援制度、安全事故报告制度。

1. 安全生产许可证制度

根据《建筑施工企业安全生产许可证管理规定》（建设部令第 128 号）规定，国家对公路施工企业实行安全生产许可制度。公路施工企业未取得安全生产许可证的，不得从事公路施工活动。

安全生产许可证的有效期为 3 年。安全生产许可证有效期满需要延期的，施工企业应当于期满前 3 个月向原安全生产许可证颁发管理机关申请办理延期手续。

2. 安全生产责任制度

安全生产责任制度是指对企业及项目经理部各级领导、各个部门、各类人员所规定的在他们各自职责范围内对安全生产应负责任的制度。其内容应充分体现责、权、利相统一的原则。建立以安全生产责任制为中心的各项安全管理制度，是保障安全生产的重要手段。安全生产责任制应根据“管生产必须管安全”、“安全生产人人有责”的原则，明确各级领导、各职能部门和各类人员在施工生产活动中应负的安全责任。

施工现场项目经理部安全生产责任体系一般分为三个层次：

（1）项目经理作为项目经理部安全生产第一负责人。

（2）分包单位负责人作为本单位安全生产第一负责人，负责执行国家有关建设工程安全生产法律法规和总包单位安全管理规定，组织本单位安全生产。

（3）作业班组负责人作为本班组或作业区域安全生产第一负责人，贯彻执行上级指令，保证本区域、本岗位安全生产。

3. 安全生产教育培训制度

安全生产教育培训制度是指对从业人员进行安全生产的教育和安全生产技能的培训，并将这种教育和培训制度化、规范化，以提高全体人员的安全意识和安全生产的管理水平，防止和减少生产安全事故发生的措施。安全教育主要包括安全生产思想教育、安全知识教育、安全技能教育、法制教育等方面，其中对新职工的三级安全教育，是安全生产基本教育制度。安全培训主要包括对施工单位的管理人员和作业人员的定期培训，特别是在采用新技术、新工艺、新设备、新材料时，对作业人员的培训。

4. 安全生产资金保障制度

安全生产资金是指建设单位在编制建设工程概算时，为保障安全施工确定的资金，建设单位根据工程项目的特点和实际需要，在工程概算中要确定安全生产资金，并全部、及时地将这笔资金划转给施工单位。安全生产资金保障制度是指确保施工单位必须将安全生产资金用于施工安全防护用具及设施的采购和更新、安全施工措施的落实、安全生产条件的改善等方面的制度。

5. 安全生产管理机构和专职人员制度

安全生产管理机构是指公路施工企业及其在公路工程项目中设置的负责安全生产管理工作的独立职能部门。

专职安全生产管理人员是指经建设主管部门安全生产考核合格，并取得安全生产考核合格证书在企业从事安全生产管理工作的专职人员，包括企业安全生产管理机构的负责人及其工作人员和施工现场专职安全生产管理人员。

6. 特种人员持证上岗制度

特种作业人员是指从事特殊岗位作业的人员，不同于一般的施工作业人员。特种作业人员所从事的岗位有较大的危险性，容易发生人员伤亡事故，对操作者本人、他人及周围设施的安全有重大危害。特种作业人员必须按照国家有关规定经过专门的安全作业培训，并取得特种作业操作资格证书后，方可上岗作业。

施工现场垂直运输机械作业人员、爆破作业人员、登高架设作业人员等特种作业人员，必须按照国家有关规定经过专门的安全作业业务培训，并取得特种作业操作资格证书后，方可上岗作业。

7. 安全技术措施制度

安全技术措施是指为防止工伤事故和职业病的危害，从技术上采取的措施。在工程施工中，具体针对工程特点、环境条件、劳动组织、作业方法、施工机械、供电设施等制定确保安全施工的措施。安全技术措施也是公路工程项目管理实施规划或施工组织设计或公路工程施工安全计划的重要组成部分。

安全技术措施包括：防火、防毒、防爆、防洪、防尘、防雷击、防触电、防坍塌、防物体打击、防机械伤害、防溜车、防高空坠落、防交通事故、防寒、防暑、防疫、防环境污染等方面的措施。

8. 专项施工方案专家论证审查制度

对于结构复杂、危险性较大、特性较多的特殊工程，必须编制专项施工方案，并附安全验算结果，组织专家进行论证审查，经审查同意，并经施工单位技术负责人、总监理工程师签字后方可组织施工。

9. 施工前详细说明制度

施工前详细说明制度即技术交底制度，指在施工前，施工单位负责项目管理的技术员应将工程概况、施工方法、安全技术措施等情况向作业工长、作业班组、作业人员进行详细地讲解和说明。施工前详细说明制度的主要内容是：本工程项目的施工作业特点和危险点；针对危险点的具体预防措施；应注意的安全事项；相应的安全操作规程和标准；发生事故后应及时采取的避难和急救措施等。

10. 消防安全责任制度

消防安全责任制度是指施工单位确定消防安全责任人，制定用火、用电、使用易燃爆材料等各方面的消防安全管理制度和操作规程，在施工现场设置消防通道、消防水源，配备消防设施和灭火器材，并在施工现场入口处设置明显标志的制度。

11. 防护用品及设备管理制度

防护用品及设备管理制度是指施工单位采购、租赁的安全防护用具、机械设备、施工机具及配件，应当具有生产（制造）许可证、产品合格证，并在进入现场前进行查验。同时，做好防护用品和设备的维修、保养、报废和资料档案管理。

12. 起重机械和设备设施验收登记制度

施工单位在使用施工起重机械和整体提升脚手架、模板等自升式架设设施前，应当组织有关单位进行验收，也可以委托具有相应资质的检验检测机构进行验收；使用承租的机械设备和施工机具及配件的，由施工总承包单位、分包单位、出租单位和安装单位共同进行验收，验收合格的方可使用。施工单位应自验收合格之日起30日之内，在建设行政主管部门或者其他有关部门登记。

《特种设备安全监察条例》（国务院令第373号）规定施工起重机械在验收前应当经有相应资质的检验检测机构监督检验合格。

13. 三类人员考核任职制度

三类人员是指施工单位的主要负责人、项目负责人和专职安全生产管理人员。

施工单位的主要负责人对本单位的安全生产工作全面负责，项目负责人对所承包的项目安全生产工作全面负责，专职安全生产管理人员直接、具体承担本单位日常的安全生产管理工作。三类人员在施工安全方面的知识水平和管理能力直接关系本单位、本工程项目的安全生产管理水平。三类人员必须经建设行政主管部门对其安全生产知识和安全管理能力考核合格后方可任职。

14. 意外伤害保险制度

根据《公路法》、《建设工程安全生产管理条例》规定，意外伤害保险是法定的强制性保险。施工单位作为投保人与保险公司订立保险合同，支付保险费，以本单位从事危险作业的人员作为被保险人，当被保险人在施工作业中发生意外伤害事故时，由保险公司依照合同约定向被保险人或者受益人支付保险金。该项保险是施工单位必须办理的，以维护施工现场从事危险作业人员的利益。

15. 安全事故应急救援制度

施工单位应当制定本单位安全生产事故应急救援预案，建立应急救援组织或者配备应急救援人员，配备必要的应急救援器材、设备，并定期组织演练。同时，施工单位应制定施工现场生产安全事故应急救援预案，并根据公路工程施工的特点、范围，对施工现场易发生重大事故的部位、环节进行监控。

实行施工总承包的，由总承包单位统一组织编制公路工程生产安全事故应急救援预案，工程总承包单位和分包单位按照应急救援预案，各自建立应急救援组织或者配备应急救援人员，配备救援器材、设备，并定期组织演练。

16. 安全事故报告制度

施工单位按照国家有关伤亡事故报告和调查处理的规定，及时、如实地向工程所在地的负责安全生产的行政管理部门、建设行政主管部门或者其他有关部门报告；特种设备发生事故的，还应当同时向特种设备安全监督管理部门报告。实行施工总承包的公路工程，由总承包单位负责上报。

### 3.2.5 技术保证体系

我国现行公路工程安全技术体系主要包括：

（1）《中华人民共和国安全生产法》。

（2）《建设工程安全生产管理条例》。

（3）《公路工程施工安全技术规程》。

### 3.2.6 人力、物资保证体系

人力、物资保证体系主要包括人力、物资和安全生产资金等安全生产资源。

1. 人力资源

人力资源包括专职安全生产管理人员、高素质技术人员、操作工人及安全教育培训投入等。

2. 安全物资

为防止假冒、伪劣或存在质量缺陷的安全物资流入施工现场，造成安全隐患，施工单位项目经理部应针对对安全物资供应单位的选择、供货合同条款的约定和进场安全物资的验收作出具体规定，并组织实施。公路工程施工过程中应加强对安全物资的维修保养等管理工作。

3. 安全生产资金

施工现场安全生产资金主要包括如下几方面：

（1）施工安全防护用具及设施的采购和更新的资金。

（2）安全施工措施的资金。

（3）改善安全生产条件的资金。

（4）安全教育培训的资金。

（5）事故应急措施的资金等。

施工单位项目经理部应制定安全生产资金保障制度，落实和管理好安全生产资金。

### 3.2.7 信息保证体系

公路工程施工安全生产工作中的信息很多，包括法律法规与标准规范信息、文件信息、管理信息、安全施工状况信息、事故信息等，这些信息是公路工程安全生产的重要依据，对搞好安全施工工作具有重要的指导和参考作用，因此，施工单位应建立起这一基础性的保证体系。

公路工程施工安全生产信息保证体系包括：信息编码；信息网的建立；信息的收集；安全施工状况记录；安全事故的报告与统计；信息的分析、处理和应用及信息档案管理等。应通过计算机网络技术，建立一种能保证及时掌握有关建设工程施工安全生产管理和安全技术工作信息的管理制度、工作程序、方法，以满足工程安全施工的需要。

## 3.3 工程安全计划与编制

公路工程施工安全计划，简称安全计划，是指依据安全策划的结果和施工现场安全生产管理要求，规定施工单位项目经理部的安全目标、控制措施、资源和活动顺序的文件，用以描述公路工程施工现场安全生产管理各个要素及其相互作用，以文件形式使施工现场安全生产管理和控制内容得到充分展示，是规范施工单位安全管理和控制活动的指导性文件和具体行动计划。

公路工程施工安全计划的目的是加强施工阶段的安全管理和程序管理，规范员工行为，使其严格遵守工艺操作纪律，最终提高工程施工安全，实现安全目标。公路工程施工安全计划是工程施工安全管理的前提和基础，是控制施工安全的关键和保证，施工安全控制是一个经由对投入的资源和条件进行安全控制，进而对施工过程中各环节进行安全控制，及对产出的结果，如安全防护设施、施工机械、设备等进行检查、验收与控制的系统控制过程。公路工程施工安全计划制定了整个建设工程的安全总目标，并进行安全目标分解，同时确定为实现安全分目标及安全总目标所采取的各种控制措施、所配置的各种资源和所采用的活动顺序。

公路工程施工安全计划的作用是规划、确定安全目标，确定过程控制要求，制定安全技术措施，配置必要资源，确保安全目标实现。同时，编制施工现场建设工程施工安全计划有利于提高施工单位安全管理和控制活动规范化和系统化。

### 3.3.1 安全计划的概念

公路工程施工安全计划是将公路工程的特定要求与通行的安全管理体系相联系的一种工具，故在安全计划中可以引用有关安全管理体系的程序文件、作业指导书或其他适用的通用控制程序。根据实际需求，对于需要特别制定的专用程序也可提出编制要求，待编制完成后，作为一种书面的程序，补充到安全计划中，其目的是以程序作为相对应的施工安全活动的实施依据，以便使施工安全活动达到规定的安全目标。

公路工程施工安全计划包括以下几个方面的含义：

（1）安全计划是公路工程施工安全策划活动结果的一部分，反映的是公路工程合同安全目标。

（2）安全计划的对象是某一具体工程项目，具有专一性和特殊性。

（3）安全计划的内容是对特定工程项目的安全措施、资源和活动顺序所做的专门规定。

（4）安全计划应与安全管理手册规定的要求一致，通常可以参照、引用安全管理手册中适用于特定情况的部分。

（5）安全计划以文件化的形式来体现。

### 3.3.2 安全计划的内容

根据公路工程施工安全管理原理，公路工程施工安全计划包含为实现安全目标及安全要求所进行的计划、实施、检查及处理四个环节的相关内容，即 PDCA 循环。一般而言，公路工程施工安全计划的内容包括：工程概况、施工平面图、组织机构、职责权限、规章制度、控制程序、控制目标、资源配置、安全措施、检查评价、奖惩制度、确定关键过程和特殊过程及作业的指导书、与施工过程相适应的检验、监测、验证要求、更改和完善安全计划的程序等。具体为：

（1）公路工程项目安全目标。

（2）实现安全目标所规定的相关部门、岗位的职责和权限。

（3）对危险源与环境因素识别、评价、论证的结果和相应的控制方式。

（4）适用法律法规、标准规范和其他要求的识别结果。

（5）实施阶段有关各项要求的具体控制程序和方法。

（6）检查、审核和改进活动的安排，以及相应的运行程序和准则。

（7）实施、控制和改进安全管理体系所需的资源。

（8）安全控制程序、规章制度、施工组织设计、专项施工方案、专项安全技术措施以及安全记录。

（9）为满足安全目标所采取的其他措施等。

### 3.3.3 安全计划的编制

#### 1. 安全计划编制的依据

（1）公路工程施工安全策划的结果。

（2）国家和地方的安全生产、劳动保护、环境保护、消防等法律法规和标准规范。

（3）国家和地方公路工程安全生产法律法规和标准规范。

（4）施工单位的安全管理手册及相应的程序文件等。

2. 安全计划的编制要求

（1）及时性，在施工前策划并编制

导致施工现场安全生产事故的因素涉及诸多相互联系和相互制约的具体问题，主要是人的不安全行为、物的不安全状态、管理上的缺陷和环境上的缺陷等。为了确保施工现场公路工程施工安全计划的全面性、针对性、可行性和可操作性，应根据工程项目的具体情况，以对施工现场危险源与环境因素识别、评价和控制策划的结果，以及适用法律法规、标准规范和其他要求识别的结果为主线，就有效控制重大危险源、重大环境因素，在施工前进行深入的分析和研究，并以计划形式反映策划的结果，发挥计划对施工生产的指导和约束作用。因此，公路工程施工安全计划应在施工前编制完成。

（2）针对性、可行性与可操作性

公路工程施工安全计划应根据公路工程项目的规模、结构、特点、技术、环境，以对施工现场危险源与环境因素识别、评价和控制策划的结果，以及适用法律法规、标准规范和其他要求识别的结果为主线，体现本工程项目的施工特点，并与施工单位项目经理部的管理能力相适应，确保施工现场公路工程施工安全计划的全面性、针对性、可行性、可操作性。

（3）同步性

公路工程施工安全计划是施工组织设计的一个有机组成部分，为防止总体与局部的脱节，要求两者同步策划、编制，一起按规定程序在实施前经上级企业机构审核确认，并形成书面记录，以保证相互协调。内容也可互相引用，形式上可分可合，除小型工程外，一般宜单独编制。

（4）施工单位项目经理部项目经理负责主持编写

公路工程施工安全计划应由施工现场项目经理主持，负责安全、技术、工艺和采购方面的有关人员参与编制。安全计划的编制过程实际是各项安全管理和安全技术的优化组合的协调过程。

3. 编制建设工程施工安全计划的步骤

（1）确定工程概况

确定工程概况，包括公路工程组成状况及其施工阶段划分；每个施工阶段的工程项目组成状况；每个工程项目的单项工程组成状况等。

（2）明确安全控制程序

明确安全控制程序，包括：确定公路工程施工总安全目标；编制安全计划；安全计划实施；安全计划验证；安全持续改进和兑现合同承诺。

（3）确定安全控制目标

确定安全控制目标，包括：公路工程施工总安全目标；每个工程项目安全目标；以及每个工程项目的单项工程、单位工程和分部工程安全目标。

（4）确定安全管理组织机构和职责权限

确定安全管理组织机构和职责权限，包括：安全管理组织机构形式；安全组织管理层次；制定职责和权限；确定安全管理人员；建立健全安全管理的规章制度等。

（5）确保安全资源配置

确保安全资源配置，包括：安全资源名称、规格、数量和使用部位，并列入资源总需要量计划。

（6）制订安全技术措施

制订安全技术措施，包括：防火、防毒、防爆、防洪、防尘、防雷击、防坍塌、防物体打击、防溜车、防机械伤害、防高空坠落和防交通事故，以及防寒、防暑、防疫和防环境污染等各项措施。

（7）落实安全检查评价和奖励

落实安全检查评价和奖励，包括：确定安全检查日期、安全检查人员组成、安全检查内容、安全检查方法、安全检查记录要求、做出安全检查结果的评价、编写安全检查报告以及兑现表彰安全施工优胜者的奖励制度等。

### 4.公路工程施工安全计划的管理要求

（1）审核和确认

公路工程施工安全计划应与施工组织设计一起，按规定程序经上级企业机构审核确认，并形成书面记录。审核和确认应在施工活动开始之前进行。

审核和确认的内容及要求为：

①安全计划的完整性和可行性。

②安全生产管理组织机构、职责与权限是否合理，资源的配置是否合理。

③任何不符合安全计划的事宜都已解决。

④施工现场项目经理部是否有安全生产保证的能力等。

（2）变更和确认

工程变更或施工条件等内外条件发生变化时，往往会引起施工现场危险源、环境因素的变化，为了确保公路工程施工安全计划的持续适宜性，始终发挥安全计划在工程项目施工全过程的指导作用，要对涉及的危险源和环境因素的变化进行补充识别、评价，并根据新的结果，对原计划是否需要修订作出评审。如果进行修订，应在实施前进行审核审批，并送上级企业机构备案。

5. 公路工程施工安全计划的实施要求

（1）安全管理人员应按照分工控制安全计划的实施，并应按规定保存控制记录。

公路工程施工安全计划所涉及的范围是公路工程的全过程，故对工序、分项工程、分部工程以及单位工程全过程的安全控制，必须以安全计划为依据。工程项目的各级安全管理人员必须按照分工，对影响工程施工安全的各环节进行严格的控制，并按规定保存好安全记录。

（2）当出现安全隐患或事故时，必须分析原因、分清责任、进行整改。

一旦出现安全隐患或安全事故，按安全隐患、安全事故处理程序，停止安全隐患部位和与其有关联的部位及下道工序的施工，尽快进行安全隐患、安全事故的调查，正确判断安全隐患、安全事故原因，研究制定安全隐患、安全事故处理方案，实施处理方案，分清安全责任。

6. 公路工程施工环保计划编制的内容和步骤

（1）公路工程施工环保计划编制的内容

①环保目标。

②环保组织机构、职责和权限。

③环保事项内容和措施等。

（2）编制环保计划的步骤

①确定环保目标

环保目标应包括：公路工程施工总环保目标；每个工程项目施工环保目标；每个单项工程和单位工程施工环保目标等。

②确定环保组织机构、职责和权限

环保组织机构、职责和权限应包括：施工环保组织机构形式；环保组织管理层次；制定环保职责和权限；确定环保管理人员；建立健全环保管理的规章制度等。

③明确环保事项内容和措施

环保事项内容和措施应包括：现场泥浆、污水和排水处理；现场爆破危害防止；现场打桩震害防止；现场防尘和防噪声；现场地下管线或文物保护；现场熔化沥青及其防护；现场及周边交通环境保护；现场卫生防疫和绿化工作等。

## 3.4　安全事故的救援预案规划

### 3.4.1　基本概念

1. 基本概念

应急救援是指对危险源、环境因素控制措施失效的情况下，为预防和减少可能随之引发的伤害和其他影响，所采取的补救措施和抢救行动。

应急救援预案是指事先制定的关于重大生产安全事故发生时进行工作的全过程。

应急救援组织是指施工单位内部专门从事应急救援工作的独立机构。

应急救援体系是指保证所有的应急救援预案具体落实所需要的组织、人力、物力等各种要素及其调配关系的综合，是应急救援预案能够落实的保证。

2.事故应急救援的管理要求

（1）施工单位项目经理部在对危险源与环境因素进行识别、评价和控制策划时，应事先确定可能发生的事故或紧急情况，如火灾、爆炸、触电、高处坠落、物体打击、坍塌、中毒、特殊气候影响等。

（2）制定应急救援预案及其内容。

（3）准备充分数量的应急救援物资。

（4）定期按应急救援预案进行演练。

（5）演练或事故、紧急情况发生后，应对相应的应急救援预案的适用性和充分性进行评价，找出存在的不足和问题，并进一步修订完善。

（6）为了吸取教训，防止事故的重复发生，一旦出现事故，施工单位项目经理部除应按法律法规要求配合事故调查、分析外，还应主动分析事故原因，制定并实施纠正措施或预防措施。

### 3.4.2 应急救援预案编制的原则

1.落实组织机构，统一指挥，职责明确

预案中应当落实组织机构、人员和职责，强调统一指挥，明确施工单位、其他有关单位的组织、分工、配合、协调。施工单位应急救援组织机构一般由公司总部、施工现场项目经理部两级构成。

2.重点突出，具有针对性

结合本单位或本工程项目的安全生产的实际情况，确定易发生事故的部位，分析可能导致发生事故的原因，有针对性地制定应急救援预案。

3.程序简单，具有可行性、可操作性

保证在突发事故时，应急救援预案能及时启动，并紧张有序地实施。

### 3.4.3 应急救援预案编制的要求

1.编制要求

（1）应根据对危险源与环境因素的识别结果，确定可能发生的事故或控制措施失效时所采取的补充措施和抢救行动，以及针对可能随之引发的伤害和其他影响所采取的措施，从而进行应急救援预案的编写。

(2) 应急救援预案应与公路工程施工安全计划同步编写。

(3) 应急救援预案是规定事故应急救援工作的全过程，适用于施工单位项目经理部施工现场范围内可能出现的事故或紧急情况的救援和处理。

(4) 实行施工总承包的，总承包单位应当负责统一编制应急救援预案，工程总承包单位和分包单位按照应急救援预案，各自建立应急救援组织或者配备应急救援人员，配备救援器材、设备，并定期组织演练。

2. 应急救援步骤

事故应急救援的实施可按以下步骤进行：接报、设点、报到、救援、撤点、总结。

(1) 接报

接报是实施救援工作的第一步。接报人一般应由总值班担任。接报人应做好以下几项工作：

①问清报告人姓名、单位部门和联系电话。

②问清事故发生的时间、地点、事故单位、事故原因、事故性质、危害波及范围和程度以及对救援的要求，同时做好电话记录。

③按救援程序，派出救援队伍。

④向上级有关部门报告。

⑤保持与救援队伍的联系，并视事故发展情况，必要时派出后继梯队予以增援。

(2) 设点

设置救援指挥部、救援和医疗急救站时应考虑的因素为：

①地点。需注意不要远离事故现场，便于指挥和救援工作的实施。

②位置。各救援队伍应尽可能在靠近现场救援指挥部的地方设点并随时保持与指挥部的联系。

③路段。应选择交通路口，利于救援人员或转送伤员的车辆通行。

④条件。指挥部、救援或急救医疗点，可设在室内或室外，应便于人员行动或群众伤员的抢救，同时要尽可能利用原有通讯、水和电等资源，有利救援工作的开展。

⑤标志。指挥部、救援或医疗急救点，均应设置醒目的标志，方便救援人员和伤员识别。

(3) 报到

指挥各救援队伍进入救援现场后，向现场指挥部报到。报到的目的是接受任务，了解现场情况，便于统一实施救援工作。

（4）救援

进入现场的救援队伍要尽快按照各自的责任和任务开展工作。

①现场救援指挥部应尽快地开通通讯网络；迅速查明事故原因和危害程度；制定救援方案；组织指挥救援行动。

②工程救援队应尽快堵源；将伤员救离危险区域；协助组织的群众撤离和疏散。

③现场急救医疗队应尽快将伤员就地简易分型，按类急救和做好安全转送，并为现场救援指挥部提供医学咨询。

（5）撤点

撤点指应急救援工作结束后，离开现场或救援后的临时性转移。

在救援行动中应随时注意事故发展变化，一旦发现所处的区域有危险应立即向安全处转移。在转移过程中应注意安全，保持与救援指挥部和各救援队的联系。

救援工作结束后，各救援队撤离现场前要做好现场的清理工作并注意安全。

（6）总结

每一次执行救援任务后都应做好救援小结，总结经验与教训，积累资料，以利再战。

### 3. 编制预案的必要性

（1）有利于总结重特大事故的惨重教训。

（2）有利于做出及时、有效、有序的应急响应，降低事故损失。

（3）有利于应急准备工作的制度化、规范化。

（4）有利于成为各类事故的应急基础。

（5）有利于提高风险意识，促进安全生产工作。

（6）符合“预防为主”方针的要求。

（7）符合法律法规的要求。

### 4. 预案编制过程中普遍存在的问题

（1）应急预案过于简单、粗略，只能作为一般的管理规章，缺乏可操作性。

（2）应急预案并未按科学的程序制定，缺乏充分的应急能力评估和风险评价、资源评估等。

（3）应急预案的要素和功能论述不全，不能满足应急的要求。

（4）应急预案的可操作性差，很多应急的方法和措施不具体，责任不明确。

（5）应急预案中关于应急指挥和应急管理方面的叙述，缺乏相关部门之间必要的协调，存在矛盾或重复现象，造成事故应急行动时职责不清、指挥不力、操作混乱的局面。

(6) 预案制定后，并未很好的宣传、培训、演练、维护与实施。

5.应急救援方案示例

施工现场项目经理部应急救援预案可以包括下列内容，但不局限于下列内容。

(1) 目的

为了预防潜在的突发环境因素事故灾害或紧急情况，并对其进行有效控制，以减少对周边环境的影响，降低环境因素事故灾害损失，认真贯彻执行国家环境保护的法律法规，最大限度地减少人员伤亡程度，降低经济损失，应充分调动单位的内部力量，利用现有的装备、物资和人员，作好突发事件预防工作，达到迅速调动、统一指挥协调作战，用各种方法积极组织抢救任务，及时有效地杜绝各类事故的发生。

(2) 工作目标

发生突发事件时，应急救援行动中要做到接警快、到达现场快、战斗展开快，按照工作分工发挥作用。快速、高效地对突发事件、伤员和物资进行抢救，最大限度地减少各类损失，保证人民群众生命和财产的安全。

(3) 适用范围

事故应急预案适用于龙建路桥股份有限公司第二工程处绥满公路卧林七标项目经理部。

(4) 组织机构

事故应急救援控制指挥部

指挥：王金贵

副指挥：张洪民 于铁

成员：刘成　李宝林　王强　李明　秦永鹏　张华

职责：确定总体和战斗行动方案，调集指挥各方面应急救援力量，下设6个应急救援小组：

第一组：通讯组

组长：刘成

成员：财务全体人员

职责：负责突发事件现场的通讯联络工作，保证突发事件现场的正常通讯，保证通讯设备配备齐全。

第二组：抢险组

组长：李宝林

成员：测量班全体人员

职责：抢险救人，控制事故不再扩大。

第三组：后勤保障组

组长：王强

成员：后勤全体人员

职责：负责事故现场应急救援器材装备物资的供给。

第四组：医疗救护组

组长：李明

成员：试验室全体人员

职责：负责现场受伤人员的救治、运送工作。

第五组：保卫组

组长：秦永鹏

成员：工程办全体人员

职责：负责封闭现场，维护事故现场秩序，保证执行任务的各种车辆畅通无阻，确保救援工作顺利进行。

第六组：灭火救援组

组长：张华

成员：工长班全体人员

职责：根据灭火抢险救援的紧急需要，决定截断现场区域内的电力，拆迁建筑物，停止可燃气体和液体输送，及时选择最佳灭火救援方案。

6.危险评估（分析存在的危险、规模及可能后果）

（1）火灾

在宿舍、办公室、食堂等地，因用电或遗留火种等原因，可能发生火灾。

（2）食物中毒

包括群体食物中毒、流行性疾病、蔬菜农药中毒、其他食物中毒，可能导致人员死亡事故。

7.报警

（1）报警步骤

事故发生后，当事人应立即向本单位领导报告，并逐级上报到项目部安全事故救援控制指挥部，事故控制指挥部接到报告后，根据事故情况评估分级，启动预案程序，并报上级部门。

（2）要求

发生事故时，为能尽快通知应急救援机构，现场应保证具有可靠的通讯系统，确保能尽快采取措施，控制事态发展。

8. 事故报告及与应急预案有关的具体联系方式

（1）火警：119

（2）急救中心：120

（3）匪警：110

（4）事故控制指挥部设在工会，电话：138459×××××
138368×××××

（5）各级领导电话：

王金贵 139469×××××

张洪民 139368×××××

于　铁 138367×××××

刘　成 137665×××××

## 复习思考题

1. 安全规划的基本内容应包括什么？
2. 施工现场所需控制的危险源与环境因素有哪些？
3. 安全保证体系由哪些构成？
4. 简述安全计划的编制过程。
5. 事故应急救援有哪几种形式？
6. 试述应急预案的编制过程。

# 第4章 公路工程安全管理方法

**本章概要**

掌握安全生产管理的手段；熟悉政府部门、工程监理单位、施工单位安全管理的职责和内容；了解路基工程、路面工程、桥梁工程和隧道工程安全管理的方法。

## 4.1 政府建筑安全生产监督管理

安全生产至关重要，实现安全生产的前提条件是制定一系列安全法规，使之有法可依。在法律框架下政府可采取有效措施，加强对建筑工程的安全生产监督管理，提高建筑业生产安全水平，降低伤亡事故的发生率，从世界各国建筑业的安全生产管理发展来看还是非常有效的。

### 4.1.1 政府安全生产监督管理职责

建筑安全生产监督管理，是指各级人民政府建设行政主管部门及其授权的建筑安全生产监督机构，对于建筑安全生产所实施的行业监督管理。政府安全生产监督管理职责，可细分为国务院建设行政部门和县级以上地方人民政府建设行政主管部门的安全生产监督管理职责。

国务院建设行政主管部门主管全国建筑安全生产的行业监督管理工作。其主要职责是：

（1）贯彻执行国家有关安全生产的法规和方针、政策，起草或者制定建筑安全生产管理的法规、标准。

（2）统一监督管理全国工程建设方面的安全生产工作，完善建筑安全生产的组织保证体系。

（3）制定建筑安全生产管理的中、长期规划和近期目标，组织建筑安全生产技术的开发与推广应用。

（4）指导和监督检查省、自治区、直辖市人民政府建筑行政主管部门开展建筑安全生产的行业监督管理工作。

（5）统计全国建筑职工因工伤亡人数，掌握并发布全国建筑安全生产动态。

（6）负责对申报资质等级为一级的企业和国家一、二级企业以及国家和部级先进建筑企业进行安全资格审查或者审批，行使安全生产否决权。

（7）组织全国建筑安全生产检查，总结交流建筑安全生产管理经验，并表彰先进。

（8）检查和督促工程建设重大事故的调查处理，组织或者参与工程建设特别重大事故的调查。

县级以上地方人民政府建设行政主管部门负责本行政区域建筑安全生产的行业监督管理工作。其主要职责是：

（1）贯彻执行国家和地方有关安全生产的法规、标准和方针、政策，起草或者制定本行政区域建筑安全生产管理的实施细则或者实施办法。

（2）制定本行政区域建筑安全生产管理的中、长期规划和近期目标，组织建筑安全生产技术的开发与推广应用。

（3）建立建筑安全生产的监督管理体系，制定本行政区域建筑安全生产监督管理工作制度，组织落实各级领导分工负责的建筑安全生产责任制。

（4）负责本行政区域建筑职工因工伤亡的统计和上报工作，掌握和发布本行政区域建筑安全生产动态。

（5）负责对申报晋升资质等级的企业、升级企业和报评先进企业的安全资格进行审查或者审批，行使安全生产否决权。

（6）组织或者参与本行政区域工程建设中人身伤亡事故的调查处理工作，并依照有关规定上报重大伤亡事故。

（7）组织开展本行政区域建筑安全生产检查，总结交流建筑安全生产管理经验，并表彰先进。

（8）监督检查施工现场、构配件生产车间等安全管理和防护措施，纠正违章指挥和违章作业。

（9）组织开展本行政区域建筑企业的生产管理人员、作业人员的安全生产教育、培训、考核及发证工作，监督检查建筑企业对安全技术措施费的提取和使用。

（10）领导和管理建筑安全生产监督机构的工作。

### 4.1.2 政府安全生产监督管理制度

规章制度，是指国家各主管部门及其地方政府的各种法规性文件所制定的各方面的条例、办法、制度、规程、规则和章程等，它们具有不同的约束力和法律效力。

安全管理要制度化，要对施工项目过程中的各种因素进行控制，以预防和减少各种安全事故，这样就必须建立和健全各种安全管理规章制度和规定，实行安全管理责任制，安全管理要制度化和经常化。

《建筑法》中涉及的政府安全生产监督管理制度如下。

安全生产责任制度是建筑生产中最基本的安全管理制度，是所有安全规章制度的核心。安全生产责任制度是指将各种不同的安全责任落实到负有安全管理责任的人员和具体岗位人员身上的一种制度。这一制度是“安全第一，预防为主”方针的具体体现，是建筑安全生产管理的基本制度。

群防群治制度是职工群众进行预防和治理安全的一种制度。这种制度也是“安全第一，预防为主”的具体体现，同时也是群众路线在安全工作中的具体体现，是企业进行民主管理的重要内容，要求建筑企业职工在施工中遵守有关生产的法律、法规的规定和建筑行业安全规章、规程，不得违章作业，同时对于危及生命安全和身体健康的行为有权提出批评、检举和控告。

安全生产教育培训制度是对广大建筑干部、职工进行安全教育培训，提高安全意识，增加安全知识和技能的制度。安全生产，人人有责，只有通过对广大职工进行安全教育、培训，才能使广大职工真正认识到安全生产的重要性、必要性，使广大职工掌握更多更有效的安全生产的科学技术知识，牢固树立安全第一的思想，自觉遵守各项安全生产的规章制度。

安全生产检查制度是上级管理部门或建筑事故企业，对安全生产状况进行定期或不定期检查的制度。通过检查可以发现问题，查出隐患，从而采取有效措施，阻塞漏洞，把事故消除在发生之前，做到防患于未然，是“预防为主”的具体体现。通过检查，还可总结出好的经验并加以推广，为进一步搞好安全工作打下基础。

伤亡事故处理报告制度是指在施工中发生事故时，建筑企业应当采取紧急措施减少人员伤亡和事故损失，并按照国家有关规定及时向有关部门报告的制度。国家已建立伤亡事故和职业病统计报告和处理制度。县级以上各级人民政府劳动行政部门、有关部门和用人单位应当依法对劳动者在劳动过程中发生的伤亡事故和劳动者的职业病状况进行统计、报告和处理。

安全责任追究制度是指对于建设单位、设计单位、施工单位、监理单位，由于没有履行职责造成人员伤亡和事故损失的，视情节给予相应处理；情节严重的，责令停业整顿，降低资质等级或吊销资质证书；构成犯罪的，依法追究刑事责任的制度。

《安全生产法》中涉及的政府安全生产监督管理制度是事故应急救援制度，制定应急救援预案，形成应急救援预案体系。因为生产安全事故，特别是重、特大生产安全事故往往具有突发性、紧迫性，如果事先没有做好充分准备工作，很难在短时间内组织有效的抢救，防止事故的扩大，减少人员伤亡和财产损失。

《建设工程安全生产管理条例》中涉及的政府部门安全生产监管制度有七项：依法批准开工报告的建设工程和拆除工程备案制度；三类人员考核任职制度；特种作业人员持证上岗制度；施工起重机械使用登记制度；政府安全监督检查制度；危及施工安全工艺、设备、材料淘汰制度；安全施工报告制度。

《安全生产许可证条例》中涉及的政府安全生产监督管理制度是安全生产许可制度。国家对矿山企业、建筑施工企业和危险化学品、烟花爆竹、民用爆破器材生产企业（以下统称企业）实行安全生产许可制度。企业未取得安全生产许可证的，不得从事生产活动。省、自治区、直辖市人民政府建设主管部门负责非中央管理的建筑施工企业安全生产许可证的颁发和管理，并接受国务院建设主管部门的指导和监督。

### 4.1.3 政府安全生产监督管理方式

政府安全生产监督管理方式主要是依据相应的法律、行政法规、部门规章、工程建设标准和国际条约进行监督管理。

在法律层面上，《建筑法》和《安全生产法》是构建建设工程安全生产法规体系的基础。

《建筑法》是我国第一部规范建筑活动的部门法律，它的颁布、施行强化了建筑工程质量和安全的法律保障。《建筑法》共计八十五条，通篇贯穿了质量安全问题，具有很强的针对性。对影响建筑工程质量和安全的各方面因素作了较为全面的规范。《安全生产法》是安全生产领域的综合性基本法，它是我国第一部全面规范安全生产的专门法律，是我国安全生产法律体系的主体法，是各类生产经营单位及其从业人员实现安全生产所必须遵循的行为准则，是各级人民政府及其有关部门进行监督管理和行政执法的法律依据。

依据《安全生产法》，政府通过四种监督途径（工会民主监督、社会舆论监督、公众举报监督和社区服务监督）使许多安全隐患及时得以发现，也将使许多安全管理工作中的不足得以改善。《安全生产法》明确了生产经营单位必须做好安全生产的保证工作，既要在安全生产条件上、技术上符合生产经营的要求，也要在组织管理上建立健全安全生产责任并进行有效落实；明确了从业人员为保证安全生产所应尽的义务，和从业人员进行安全生产所享有的权利；规定了生产经营单位负责人的安全生产责任，因为一切安全管理，归根到底是对人的管理，只有生产经营单位的负责人真正认识到安全管理的重要性并认真落实安全管理的各项工作，安全管理工作才有可能真正有效地进行。违法必究是我国法律的基本原则，在《安全生产法》中明确了对违法单位和个人的法律责任追究制度。

行政法规是由国务院制定的法律规范性文件，颁布后在全国范围内施行。《立法法》第五十六条规定，国务院根据宪法和法律，制定行政法规。在行政法规层面上，《安全生产许可证条例》和《建设工程安全生产管理条例》是建设工程安全生产法规体系中主要的行政法规。在《安全生产许可证条例》中，我国第一次以法律形式确立了企业安全生产的准入制度，政府可依据此条例强化安全生产源头管理，全面落实“安全第一，预防为主”安全生产方针。《建设工程安全生产管理条例》是依据《建筑法》和《安全生产法》制定的一部关于建筑工程安全生产的专项法规。

规章是行政性法律规范性文件，根据其制定机关不同可分为两类：一类是部门规章，是由国务院组成部门及直属机构在它们的职权范围内制定的规范性文件，部门规章规定的事项属于执行法律或国务院的行政法规、决定、命令的事项；另一类是地方政府规章，省、自治区、直辖市和较大的市人民政府，可以根据法律、行政法规和本省、自治区、直辖市的地方性法规，制定规章。

工程建设标准，是做好安全生产工作的重要技术依据，对规范建设工程各方责任主体的行为、保障安全生产具有重要意义。根据标准化法的规定，标准包括国家标准、行业标准、地方标准和企业标准，国家标准和行业标准又可分为强制性标准和推荐性标准。《安全生产法》、《建设工程质量管理条例》、《建设工程勘察设计管理条例》和《建设工程安全生产管理条例》均把工程质量建设强制性标准的效力与法律、法规并列起来，使得工程建设强制性标准在法律效力上与法律、法规同等，明确了违反工程建设强制性标准就是违法，要依法承担法律责任。

政府安全生产监督管理的具体方式可分为国家监察和行业管理。

国家监察是一种执法监察，主要是监察国家法律法规的执行情况，预防和纠正违反法规、政策的偏差，它不干预企事业遵循法律法规制定的措施和步骤等具体事务，也不能代替行业管理部门进行日常管理和安全检查。

行业管理是指行政主管部门根据“管生产必须管安全”的原则，管理本行业的安全生产工作，建立安全生产管理机构，配备安全技术干部，组织贯彻执行国家安全生产方针、法律、法规，制定行业的规章制度和规范标准，负责对本行业安全生产管理工作的策划、组织实施和监督检查、考核。

## 4.2 工程监理单位安全生产监督管理

### 4.2.1 安全监理实施的依据

工程监理单位实施安全监理的依据是《安全生产法》和《建设工程安全生产管理条例》。《安全生产法》是从法律层面上构建建设工程安全生产法规体系的两大基础之一。《建设工程安全生产管理条例》是在行政法规层面上建设工程安全生产法规体系中主要的行政法规。

《建设工程安全生产管理条例》(以下简称《安全条例》)于2003年11月12日在国务院第28次常务会议上通过，自2004年2月1日起施行。该条例的颁布是我国工程建设领域安全生产工作发展历史上具有里程碑意义的一件大事，标志着我国建设工程安全生产管理进入法制化、规范化发展的时期。该条例较为详细地规定了建设单位、勘察、设计、工程监理及其他有关单位的安全责任和施工单位的安全责任，以及政府部门对建设工程安全生产实施监督管理的责任等。

### 4.2.2 安全监理的主要工作

《建设工程安全生产管理条例》中规定，安全监理单位应当审查施工组织设计中的安全技术措施或者专项施工方案是否符合工程建设强制性标准。工程监理单位在实施监理过程中，若发现存在安全事故隐患，应当要求施工单位整改；情况严重的，应当要求施工单位暂时停止施工，并及时报告建设单位。施工单位拒不整改或者不停止施工的，工程监理单位应当及时向有关主管部门报告。工程监理单位和监理工程师应当按照法律、法规和工程建设强制性标准实施监理，并对建设工程安全生产承担监理责任。

## 4.3 施工单位安全生产管理

《建设工程安全生产管理条例》中涉及施工企业的六项安全生产制度为：安全生产责任制度、安全生产教育培训制度、专项施工方案专家论证审查制度、施工现场消防安全责任制度、意外伤害保险制度和生产安全事故应急救援制度。

### 4.3.1 施工准备阶段安全生产管理

《建设工程安全生产管理条例》中规定的施工单位在施工准备阶段进行安全生产管理的内容如下。

(1) 施工单位在申请领取资质证书时，应当具备国家规定的注册资本、专业技术人员、技术准备和安全生产等条件。

(2) 施工单位应建立健全安全生产责任制度和安全生产教育培训制度，制定安全生产规章制度和操作规程，对所承担的建设工程进行定期和专项安全检查条例还明确规定了施工单位主要负责人和项目负责人的安全生产责任，施工单位主要负责人依法对本单位的安全生产工作全面负责，项目负责人对建设工程项目的安全施工负责。

(3) 施工单位应从资金上保证安全生产，应将列入建设工程概算的安全作业环境及安全施工措施所需费用，用于施工安全防护用具及设施的采购和更新、安全施工措施的落实、安全生产条件的改善，不得挪作他用。

(4) 施工单位应当在施工组织设计中编制安全技术措施和施工现场临时用电方案，对一些特殊的工程还需要编制专项施工方案；建设工程施工前，施工单位负责项目管理的技术人员应当对有关安全施工的技术要求向施工作业班组、作业人员做出详细说明，并由双方签字确认。

《建设工程施工现场管理规定》中涉及施工单位在施工准备阶段的安全生产管理的内容是：施工单位必须编制建设工程施工组织设计。建设工程实行总包和分包的，由总包单位负责编制施工组织设计或者分阶段施工组织调动设计。分包单位在总包单位的总体部署下，负责编制分包工程的施工组织设计。施工组织设计按照施工单位隶属关系及工程的性质、规模、技术繁简程度实行分级审批。

《公路工程施工安全技术规程》中涉及施工单位在施工准备阶段的安全生产管理内容为：

(1) 工程开工前，施工单位必须详细核对设计文件，根据施工地段的地形、地质、水文、气象等资料，在编制施工组织设计的同时，制定相应的安全技术措施。

(2) 下挖工程施工前，应根据设计文件复查地下构造物（电缆、管道等）的埋置位置及走向，并采取防护措施。

### 4.3.2 施工过程的安全生产管理

《建设工程安全生产管理条例》中涉及施工单位在施工过程中的安全生产管理有如下内容：

(1) 进一步明确总承包单位与分包单位的安全责任，建设工程实施施工总承包的，由总承包单位对施工现场的安全生产负总责；总承包单位依法将建设工程分包给其他单位的，分包合同中应当明确各自安全生产方面的权利和义务，并对分包工程的安全生产承担连带责任。同时分包单位应当服从总承包单位的安全生产管理，分包单位不服从管理导致安全生产事故的，由分包单位承担主要责任。

(2) 为了保障施工现场作业人员的安全，施工单位应当对作业人员进行安全教育培训，向作业人员提供合格的安全防护用具和安全防护服装，书面告知危险岗位的操作规范和违章操作的危害，为施工现场从事危险作业的人员办理意外伤害保险。同时，为了改善作业人员的生活条件，施工单位应当将施工现场的办公、生活区与作业区分开设置，并保持安全距离，职工的膳食、饮水、休息场所等应当符合卫生标准，不得在尚未竣工的建筑物内设置员工集体宿舍。

《建筑安全生产施工现场管理规定》中涉及施工单位在施工过程中的安全生产管理有如下内容：

（1）施工单位应当按照施工总平面布置图设置各项临时设施。堆放大宗材料、成品、半成品和机具设备时，不得侵占场地道路及安全防护等设施。

（2）施工现场必须设置明显的标牌，标明工程项目名称、建设单位、设计单位、施工单位、项目监理和施工现场总代表的姓名、开、竣工日期、施工许可证批准文号等，施工单位负责施工现场标牌的保护工作。施工现场主要管理人员在施工现场应当佩戴证明其身份的证卡。

（3）施工现场的用电线路、用电设施的安装和使用必须符合安装规范和安全操作规程，并按照施工组织设计进行架设，严禁任意拉线接电。施工现场必须设有保证施工安全要求的夜间照明；危险潮湿场所的照明以及手持照明灯具，必须采用符合安全要求的电压。

（4）施工单位应当严格依照《中华人民共和国消防条例》的规定，在施工现场建立和执行防火管理制度，设置符合消防要求的消防设施，并保持完好的备用状态。在容易发生火灾或者储存、使用易燃易爆器材的工程中，施工单位应当采取特殊的消防安全措施。

（5）施工机械应当按照施工总平面布置图规定的位置和线路设置，不得任意侵占场内道路。施工机械进场后必须经过安全检查合格的方能使用。施工机械操作人员必须建立机组责任制，并依照有关规定持证上岗，严禁无证人员操作。

（6）施工单位必须执行国家有关安全生产和劳动保护的法规，建立安全生产责任制，加强规范化管理，进行安全交底、安全教育和安全宣传，严格执行安全技术方案。对施工现场的各种安全设施和劳动保护器具，必须定期进行检查和维护，及时消除隐患，保证其安全有效。

（7）施工单位应当做好施工现场的安全保卫工作，采取必要的防盗措施，在现场周边设立围护设施。施工现场在市区的，周围应当设置遮挡围栏，对临街的脚手架也应当设置相应的围护设施。非施工人员不得擅自进入施工现场。

《公路工程施工安全技术规程》中涉及施工单位在施工过程中的安全生产管理有如下内容：

（1）施工单位均应按国家规定建立健全各级安全管理机构和设立专职或兼职安全检查人员。

（2）施工中采用新技术、新工艺、新设备、新材料时，必须制定相应的安全技术措施。

（3）施工人员上岗前，必须按规定穿戴防护用品。施工负责人和安全检查员随时检查劳动防护用品的穿戴情况，不按规定穿戴防护用品的人员不得上岗。

### 4.3.3 安全管理技术资料

公路工程中施工单位的安全管理技术资料主要包括施工现场安全技术资料、路基工程施工安全技术资料、路面工程施工安全技术资料。

公路工程的施工现场安全技术资料包括施工现场资料、施工测量资料、场内交通及水电设施资料、砂、石采集及堆放资料、便道、便桥与临时码头资料。

路基工程施工安全技术资料包括清理现场资料、土方工程资料、石方工程资料、防护工程资料、不良地质资料。

路面工程施工安全技术资料包括基层施工资料、沥青路面资料、水泥混凝土路面资料、压实碾压资料、旧路凿除资料。

## 4.4 影响安全因素的管理

### 4.4.1 对人的管理

在公路工程安全管理中，对人的管理主要是预防人的不安全行为，这包括工作能力和工作态度。事故是人失误直接导致的结果。在施工过程中，相关人员包括管理者和各类操作人员均可能发生人失误。操作者的不安全行为，会导致人失误而发生事故；管理者若发生人失误即为决策和控制管理失误，其危险性更大。

《中华人民共和国劳动法》与公路工程安全管理中与对人的管理密切相关的规定主要包括：用人单位必须为劳动者提供符合国家规定的劳动安全卫生条件和必要的劳动防护用品；对从事有职业危害作业的劳动者应当定期进行健康检查；从事特种作业的劳动者必须经过专门培训并取得特种作业资格；劳动者在劳动过程中必须严格遵守安全操作规程；国家建立伤亡事故和职业病统计报告制度。

《中华人民共和国公路法》中有关对人的管理的法律规定：为了保障公路养护人员的人身安全，公路养护人员在进行公路养护作业时，应当穿着统一的安全标志服；利用车辆进行养护作业时，应当在公路作业车辆上设置明显的作业标志。

生产经营单位在其生产经营活动中，如果存在安全事故隐患，将直接威胁到从业人员的生命安全，而一旦发生安全责任事故，也是最先损害到一线从业人员的生存权利。因此为了保障从业人员的生命安全以及其他人身权利不受损害，《安全生产法》规定从业人员在生产作业活动中，享有以下权利：

（1）知情权。生产经营单位的从业人员有权了解其作业场所和工作岗位存在的危险因素、防范措施及事故应急措施，并有权对本单位的安全生产工作提出建议。

（2）批评、检举、控告权。从业人员有权对本单位安全生产工作中存在的问题提出批评、检举、控告，生产经营单位不能因此而降低其工资、福利待遇或者解除与其订立的劳动合同。

（3）拒绝权。从业人员有权拒绝生产经营单位的违章指挥和强令冒险作业。

（4）紧急避险权。从业人员发现直接危及人身安全的紧急情况时，有权停止作业或者在采取可能的应急措施后撤离作业场所，生产经营单位不得因此降低其工资、福利待遇或者解除与其订立的劳动合同。

（5）依法向本单位提出赔偿的权利。因生产安全事故受到损害的从业人员，除依法享有工伤社会保险外，依照有关民事法律尚有获得赔偿的权利，有权向本单位提出赔偿要求。

安全责任事故的发生，往往与从业人员的安全责任意识不强，在生产作业过程中不遵守安全生产的规章制度和操作规程有关。因此，要减少或避免安全责任事故的发生，就应当加强从业人员的安全生产责任意识，提高他们的安全生产技能和遵守安全生产规章、规程的自觉性。为此，《安全生产法》规定安全生产从业人员应当履行如下有关安全生产的义务：

（1）遵守安全生产规章制度和操作规程的义务。从业人员在作业过程中，应当严格遵守本单位的安全生产规章制度和操作规程，服从管理，正确佩戴和使用劳动防护用品。

（2）接受安全生产教育和培训的义务。《安全生产法》中规定，生产经营单位的从业人员应当接受安全生产教育和培训，掌握本职工作所需的安全生产知识，提高安全生产技能，增强事故预防和应急处理能力。

（3）危险报告义务。《安全生产法》要求从业人员发现事故隐患或者其他不安全因素时，应当立即向现场安全管理人员或者本单位负责人报告，接到报告的人员应当及时予以处理。

### 4.4.2 对物的管理

物是指生产过程中发挥一定作用的机械、设备、物料、生产对象以及其他生产要素的统称。物都具有不同形式、性质的能量，有出现能量意外释放、引发事故的可能性。在施工过程中，物的不安全状态极易出现。物的不安全状态的运动轨迹，一旦与人的不安全行为的运动轨迹交叉，就是发生事故的时间与空间。所以物的不安全状态是发生事故的直接原因。因此，应正确判断物的具体不安全状态，控制其发展，并预防、减轻或消除事故。

物的不安全状态包括以下几个方面：

（1）设备、装置的缺陷，是指机械设备和装置的技术性能降低，刚度不够，结构不良，磨损、老化、失灵、腐蚀、物理和化学性能达不到规定等。

（2）作业场所的缺陷，是指施工现场狭窄，组织不当，多工种立体交叉作业，交通道路不畅，机械车辆拥挤，多单位同时施工等。

（3）物质和环境的危险源，如：化学方面的氧化、自燃、易燃、毒性、腐蚀等；机械方面的重物、振动、冲击、位移、倾覆、陷落、旋转、抛飞、断裂、剪切、冲压等；电气方面的漏电、短路、火花、电弧、电辐射、超负荷、过热、爆炸、绝缘不良、高压带电作业等；环境方面的辐射线、红外线、强光、雷电、风暴、暴雨、浓雾、高低温、洪水、地震、噪声、冲击波、粉尘、高压气体、火源等。

针对以上所列出的物的不安全状态，做出如下管理：

《建设工程安全管理条例》第三十四条规定，施工单位采购、租赁的安全防护用具、机械设备、施工机具及配件，应当具有生产（制造）许可证、产品合格证，并在进入施工现场前进行查验。

施工现场的安全防护用具、机械设备、施工机具及配件必须由专人管理，定期进行检查、维修和保养，建立相应的资料档案，并按照国家有关规定及时报废。

《建设工程安全管理条例》第三十五条规定，施工单位在使用施工起重机械和整体提升脚手架、模板等自升式架设设施前，应当组织有关单位进行验收，也可以委托具有相应资质的检验检测机构进行验收；使用承包的机械设备和施工机具及配件的，由施工总承包单位、分包单位、出租单位和安装单位共同进行验收。验收合格的方可使用。

《特种设备安全监察条例》规定，施工起重机械在验收前应当经有相应资质的检验检测机构监督检验合格。

施工单位应当自施工起重机械和整体提升脚手架、模板等自升式架设设施验收合格之日起 30 日内，向建设行政主管部门或者其他有关部门登记。登记标志应当置于或者附着于该设备的显著位置。

### 4.4.3 对环境的管理

对环境的管理是指依据国家制定的一系列环境保护的法律、法规，来保护和改善环境、防治污染。

《中华人民共和国环境保护法》规定，产生环境污染和其他公害的单位，必须把环境保护工作纳入计划，建立环境保护责任制度；采取有效措施，防治在生产建设或者其他活动中产生的废气、废水、废渣、粉尘、放射性物质以及噪声、振动、电磁波辐射等对环境的污染和危害。

防治大气污染。施工现场宜采取硬化措施，其中道路、料场、生活办公区必须进行硬化处理，土方应集中堆放；运输土方、渣土和施工垃圾时应采取措施防止大气污染，经过城镇时应当保证车辆清洁，并采取密闭式运输车辆或采取覆盖措施；水泥和其他易飞扬的细颗粒施工材料应密闭存放，对砂石等散料应采取覆盖措施；施工现场的各类搅拌场所应当采取降尘措施。

防治水污染。施工现场应设置排水沟和沉淀地，现场泥浆、废水等不得直接排入海、湖、河流或城市市政污水管网；应设有专门的库房存放油料、化学溶剂等，地面应进行防渗处理；食堂、洗手间、淋浴室等的下水应妥善处理，保证不污染周围水源。

《中华人民共和国环境噪声污染防治法》规定，在城市市区范围内向周围生活环境排放建筑施工噪声的，应当符合国家规定的建筑施工场界环境噪声排放标准；在城市市区范围内，建筑施工过程中使用机械设备，可能产生环境噪声污染的，施工单位必须向环境保护行政主管部门申报；因特殊原因需要连续作业的，必须有县级以上人民政府或者其他有关主管部门的证明，且须公告附近居民。

《中华人民共和国固体废物污染环境防治法》规定，施工单位应当及时清运、处置建筑施工过程中产生的垃圾，并采取措施，防治环境污染。对施工单位违反上述法律条文的，环境保护行政主管部门和有关部门可以对施工单位给予责令改正、停产整顿、罚款等处罚。

实践证明，采光照明、色彩标志、环境温度和现场环境对施工安全的影响都不可低估。

第一，采光照明问题。施工现场的采光照明，既要保证生产正常进行，又要减少人的疲劳和不舒适感，还应注意视觉暗、明适应的生理反应。这是因为当光照条件改变时，眼睛需要通过一定的生理过程对光的强度进行适应，方能获得清晰的视觉。所以，当由强光下进入暗环境，或由暗环境进入强光现场时，均需经过一定时间，使眼睛逐渐适应光照强度的改变，然后才能正常工作。因此，应让劳动者懂得这一生理现象，当光照强度产生极大变化时作短暂停留，在黑暗场所加强人工照明，在耀眼强光下操作带上墨镜，则可减少事故的发生。

第二，色彩的标志问题。色彩标志可提高人的辨别能力，控制人的心理，减少工作差错和人的疲劳。红色，在人的心理定势中标志危险、警告或停止；绿色，使人感到凉爽、舒适、轻松、宁静，能调节人的视力，消除炎热、高温时烦躁不安的心理；白色，给人整洁清新的感觉，有利于观察检查缺陷，消除隐患；红白相间，则对比强烈，分外醒目。所以，根据不同的环境采用不同的色彩标志，如用红色警告牌，绿色安全网，白色安全带，红白相间的栏杆等，都能有效地预防事故。

第三，环境温度问题。环境温度接近体温时，人体热量难以散发就会感到不适、头昏、气喘，活动稳定性差，手脑配合失调，对突发情况缺乏应变能力，在高温环境、高处作业时，就可能导致安全事故；反之，低温环境，人体散热量大，手脚冻僵，动作灵活性、稳定性差，也易导致事故发生。

第四，现场环境问题。现场布置杂乱无序，视线不畅，沟渠纵横，交通阻塞，机械无防护装置，电器无漏电保护，粉尘飞扬，噪声刺耳等，会使劳动者生理、心理难以承受，当其生理、心理不能满足操作要求时，则必然诱发事故。

### 4.4.4 其他影响因素的管理

其他影响公路工程安全管理的因素有施工现场场地布置、临时设施。

施工现场场地布置是工程施工中的重要组成部分，它对施工安全、质量、进度的影响相当大。因此，必须通过施工现场平面图设计来实现施工现场的合理、优化布置。应依据如下内容来编制施工总平面图：工程所在地区的原始资料，包括建设、勘察、设计单位提供的资料；原有和拟建工程的位置和尺寸；施工方案、施工进度和资源需要计划；全部施工设施建造方案；建设单位可提供的房屋和其他设施。

针对场地、临时设施的建设、使用和拆除都要制订相应的管理办法，明确责任区，责任落实到人，并使场地、临时设施符合规定的要求，即：施工现场内的道路、临时设施、生产生活房屋、易燃易爆仓库、料场、停车场以及动力通讯线路的位置均要符合防火、防洪、防风、防爆的要求；对易燃易爆品仓库、发电机房、变电所应采取必要的安全措施，严禁用易燃材料修建；施工现场必须建立现场安全用火和消防制度；临时用电线路按照临时用电的施工组织设计布置；对环境有污染的设施和材料应设置在远离人员居住的较为空旷的地点；应按照规定设置防护设施、安全标志、警告标志，并不得擅自拆动；进入施工现场后，必须戴安全帽，禁止穿拖鞋或光脚。

## 4.5 安全生产管理手段

安全生产管理，是指经营管理者对安全生产工作进行的策划、组织、指挥、协调、控制和改进的一系列活动，目的是保证在生产经营活动中的人身安全、财产安全，促进生产的发展，保持社会的稳定。

### 4.5.1 法律手段

公路工程安全管理中的法律手段是指通过制定和运用法规来调节施工活动的手段。安全生产至关重要，实现安全生产的前提条件是制定一系列安全法规，使之有法可依。通过法律框架下政府对建筑业的管理，加强对建筑工程的安全生产监督管理，提高建筑业生产安全水平，降低伤亡事故的发生率，从世界各国建筑业的安全管理发展情况来看还是非常有效的。

**《建筑法》、《安全生产法》、《建设工程安全生产管理条例》** 等法律、法规及部门规章、施工安全技术标准的相继出台，为保障我国建筑业的安全生产提供了有力的法律武器，使得建筑业的安全生产工作有法可依。

《建筑法》是我国第一部规范建筑活动的部门法律。它的颁布、施行强化了建筑工程质量和安全的法律保障。《建筑法》共计八十五条，通篇贯穿了质量安全问题，具有很强的针对性，对影响建筑工程质量和安全的各方面因素作了较为全面的规范。该法律确立了安全生产责任制度、群防群治制度、安全生产教育培训制度、安全生产检查制度、伤亡事故处理报告制度。

《安全生产法》是安全生产领域的综合性基本法。它是我国第一部全面规范安全生产的专门法律，是我国安全生产法律体系的主体法，是各类生产经营单位及其从业人员实现安全生产所必须遵循的行为准则，是各级人民政府及其有关部门进行监督管理和行政执法的法律依据。

《建设工程安全管理条例》是建设工程安全生产法规体系中主要的行政法规。该条例的颁布，是我国工程建设领域安全生产工作发展历史上具有里程碑意义的一件大事，也是工程建设领域贯彻落实《中华人民共和国建筑法》和《中华人民共和国安全生产法》的具体表现，标志着我国建设工程安全生产管理进入法制化、规范化发展的新时期。该条例较为详细地规定了建设单位、勘探、设计、工程监理及其他有关单位的安全责任和施工单位的安全责任，以及政府部门对建设工程安全实施监督管理的责任等。

### 4.5.2 经济手段

公路工程安全管理中的经济手段是指运用经济政策和计划，通过对经济利益的调整而影响和调节经济活动的措施。公路工程安全管理中的经济手段具体是指一定的利益关系、罚金或奖励。

《中华人民共和国刑法》中有关建设工程安全生产的规定有以下两点：一是违反爆炸性、易燃性、放射性、毒害性、腐蚀性物品的管理规定，在生产、储存、运输、使用中发生重大事故，造成严重后果的，处三年以下有期徒刑或者拘役；后果特别严重的，处三年以上七年以下有期徒刑；二是建设单位、设计单位、施工单位、工程监理单位违反国家规定，降低工程质量标准，造成重大安全事故的，对直接责任人员，处五年以下有期徒刑或者拘役，并处罚金；后果特别严重的，处五年以上十年以下有期徒刑，并处罚金。

根据《中华人民共和国标准化法》、《中华人民共和国标准化实施条例》和《建设工程质量管理条例》制定的《实施工程建设强制性标准监督规定》中有关工程安全生产的规定主要包括：

**第十七条** 勘查、设计单位违反工程建设强制性标准进行勘查、设计的，责令改正，并处以10万元以上30万元以下的罚款。有携款行为，造成工程质量事故的，责令停业整顿，降低资质等级；情节严重的，吊销资质证书；造成损失的，依法承担赔偿责任。

**第十八条** 施工单位违反工程建设强制性标准的，责令改正，处工程合同价款2%以上4%以下的罚款；造成建设工程质量不符合规定的质量标准的，负责返工、修理，并赔偿因此造成的损失；情节严重的，责令停业整顿，降低资质等级或者吊销资质证书。

**第十九条** 工程监理单位违反强制性标准规定，将不合格的建设工程以及建筑材料、建筑构配件和设备按照合格签字的，责令改正，处50万元以上100万元以下的罚款，降低资质等级或者吊销资质证书；有违法所得的，予以没收；造成损失的，承担连带赔偿责任。

**第二十条** 违反工程建设强制性标准造成工程质量、安全隐患或者工程事故的，按照《建设工程质量管理条例》有关规定，对事故责任单位和责任人进行处罚。

《建筑施工企业安全生产许可证管理规定》中有关工程安全生产的规定主要包括：

**第二十四条** 违反本规定，建筑施工企业未取得安全生产许可证擅自从事建筑施工活动的，责令其在建项目停止施工，没收违法所得，并处10万元以上50万元以下的罚款；造成重大安全事故或者其他严重后果，构成犯罪的，依法追究刑事责任。

**第二十五条** 违反本规定，安全生产许可证有效期满未办理延期手续，继续从事施工活动的，责令其在建项目停止施工，延期补办延期手续，没收违法所得，并处5万元以上10万元以下的罚款；逾期仍不办理延期手续，继续从事施工活动的，依照本规定第二十四条的规定处罚。

**第二十六条** 违反本规定，建筑施工企业转让安全生产许可证的，没收违法所得，处10万元以上50万元以下的罚款，并吊销安全生产许可证；构成犯罪的，依法追究刑事责任；接受转让的，依照本规定第二十四条的规定处罚。

冒用安全生产许可证或者使用伪造的安全生产许可证的，依照本规定第二十四条的规定处罚。

### 4.5.3 技术手段

1. 公路工程施工中场地、临时设施安全管理的要求规定

(1) 施工现场应按照规定设置防护设施、安全标志、警告标志，并不得擅自拆

动。施工现场入口处应设置入场须知、现场安全管理规定牌、工程名称及总负责人、技术负责人、安全负责人牌、施工现场平面图等。

（2）进入施工现场，必须戴安全帽，禁止穿拖鞋或光脚。在没有防护设施的高处、悬崖、陡坡作业，必须系安全带。上下交叉作业有危险的出入口要有防护棚或其他隔离设施。距地面 2m 以上作业要有防护栏、挡板或安全网。安全帽、安全带、安全网要定期检查，不符合要求的禁止使用。

2. 施工现场相关的技术要点

（1）施工现场的临时设施，必须避开泥沼、悬崖、陡坡、泥石流、雪崩等危险区域，选在水文、地质良好的地段。施工现场内的各种运输道路、生产生活房屋、易燃易爆仓库、材料堆放，以及动力通信线路和其他临时工程，应按照有关安全的规定绘出合理的平面布置图。

（2）施工现场要设置足够的消防设备，施工人员应熟悉消防设备的性能和使用方法，并应组织一支经过训练的义务消防队伍。生产生活房屋应按规定保持必需的安全净距，一般情况下活动板房不小于 7m，铁皮板房不小于 5m，临时的锅炉房、发电机房、变电室、铁工房、厨房等与其他房屋的间距不小于 15m。

（3）易燃易爆的仓库、发电机房、变电所，应采取必要的安全防护措施，严禁用易燃材料修建。炸药库的设置应符合国家有关规定，工地的小型油库应远离生活区 50m 以外，并外设围栏。工地上较高的建筑物、临时设施及重要库房，如炸药房、油库、发（变）电房、塔架、龙门吊架等，均应加设避雷装置。

3. 施工测量相关的技术要点

（1）路上施工测量安全防范措施。密林丛草间进行施工测量时，应遵守护林防火规定，严禁烟火，并需预防有害动、植物伤人。测量打桩时要注意周围行人的安全，不得对面使锤，钢钎和其他工具不得随意抛掷。在陡坡及危险地段测量时应系好安全带，脚穿软底轻便鞋。在桥墩上测量时应有上下桥墩及防止人体坠落的安全措施。

（2）水上施工测量安全防范措施。水上测量人员应穿救生衣。在陡峻的河岸进行观测时，应有简易便道和防护措施，在通航河道上，测量船应有信号设备。在江中抛锚时，应按港航监督部门的规定设置信号并有专人负责瞭望。夜间进行水文测量时，必须备有足够的照明设备。

4. 场内交通及水电设施相关的技术要点

（1）场内交通。场内道路应经常维护，保持畅通。载重车辆通过较多的道路时，其弯道半径一般不小于 15m，特殊情况不得小于 10m。手推车道路的宽度不小于 1.5m，急弯与陡坡地段应设置明显交通标志。与铁路交叉处应有专人照管，并设信号装置和落杆。场内行驶斗车、平车的轨道应平坦顺直，纵坡不得大于3%。车辆应装制动闸，铁路终点应设置倒坡和车挡。

(2) 水电设施。生产生活用水应进行鉴定，其水质必须符合国家现行标准。水源应采取保护措施，防止水质污染。场内架设的电线应绝缘良好，悬挂高度及线间距必须符合电力部门的安全规定。场内架设的临时线路必须用绝缘物支持，不得将电线缠绕在钢筋、树木或脚手架上。

(3) 检修电气设备。电气设备的检修必须由电工进行，他人不得任意操作。大型电气设备检修应在切断电源、设好防护后进行，并在开关处设置警示标牌，工作完成后方可拆除。如需进行送电实验时，必须在认真检查并与有关部门联系后，方可进行。

### 4.5.4 安全管理综合系统

安全管理综合系统的建立关键在于组建安全领导小组及明确安全职责。

项目公司应当建立由总经理任主任，副总经理、总工程师任副主任，党政工各职能部门负责人任组员的安全生产委员会，用以规划和决策全公司的安全生产工作。安全生产委员会应有常设办公室，牵头组织制定安全规章制度，贯彻落实安全规章制度，贯彻安全生产委员会的建议，检查指导各安全小组和专职安全管理人员工作，处理日常工作。

施工项目经理部要建立由项目经理任组长，副经理任副组长，各职能部门负责人和所属工区主任或工班长任组员的安全小组，用以计划和执行本项目的安全生产工作。同时应设立专职安全管理机构或专职安全管理人员，牵头组织落实安全规章制度，贯彻安全生产委员会的决议，检查指导各工区、工班兼职安全员的工作，处理日常工作。安全小组其他成员还要负责自己管辖范围内的部门或工区、工班落实安全生产规章制度。

业主项目经理是施工项目安全管理的第一负责人，承担组织、领导安全施工的责任。应建立和健全以项目经理为首的安全施工保障系统，有组织、有计划、有步骤地开展安全施工管理控制工作，并做到有检查、有总结、有奖、有罚。

施工现场（工地）的工地负责人（或项目经理）为安全的第一责任者，应视工地的大小，设置安全专（兼）职人员或安全机构。

各级职能部门、人员，在各自业务范围内，要对实现安全生产的要求负责。

全员承担安全生产责任，建立安全生产责任制，对从经理到工人的生产系统要做到纵向到底，一环不漏。对各职能部门、人员的安全生产责任要做到横向到边，人人负责。

各指定分包单位，都应成立分包工程安全管理组织或确定安全负责人，负责分包工程管理，并服从总包单位的安全监督检查。

## 4.6 路基工程安全管理

路基工程的安全管理包括以下几个方面：清理现场、土方工程、石方工程、防护工程、不良地质的安全管理。

1. 清理现场时的安全管理

（1）砍伐树木前，应将周围有碍砍伐作业的灌木和藤条砍除，并选好安全躲避的退路；伐树范围内应布置警戒，非工作人员不得逗留、接近；为使树木按预定方向倾倒，要在树木下部倒树方向砍一剁口，其深度为树干直径的1/4，然后再从剁口上边缘的对面开锯，最后应留2～3cm安全距离；要设置防止在陡坡悬崖处砍伐树木倒伐后树木顺坡溜滑和撞落石块伤人的安全措施；严禁在山坡上同一地段的上下同时作业；大风、大雾和雨天不得进行伐树作业。

（2）拆除建（构）筑物前，应制定安全可靠的拆除方案。应将与拆除物连通的电线、水、气管道切断，并在四周危险区域内围设安全护栏，非工作人员不得进入。拆除工序应由上而下，先外后里，严禁数层同时作业。操作人员站在脚手架或稳固的结构部位时要防止其他部位发生坍塌。拆除梁柱之前应拆除其承托的全部结构物，严禁采用掏空、挖切和大面积推倒的拆除方法。

2. 土方工程的安全管理

（1）人工挖掘土方必须遵守下列规定：开挖土方的操作人员之间，必须保持足够的安全距离，横向间距不小于2cm，纵向间距不小于3cm；土方开挖必须按自上而下的顺序放坡进行，严禁采用挖空底脚的操作方法。

（2）高陡边坡处施工必须遵守下列规定：作业人员必须绑系安全带；边坡开挖中如遇地下水涌出，应先排水，后开挖；开挖工作应与装运作业面相互错开，严禁上、下双重作业；弃土下方和有滚石危及范围内的道路，应设警告标志，作业时坡下严禁通行；坡面上的操作人员对松动的土、石块必须及时清除，严禁在危石下方作业、休息和存放机具。

（3）设有支挡工程的地质不良地段，在考虑分段开挖的同时，应分段修建支挡工程。施工中如发现山体有滑动、崩坍迹象危及施工安全时，应暂停施工，撤出人员和机具，并报上级处理。对滑坡地段的开挖，应从滑坡体两侧向中部自上而下进行，严禁全面拉槽开挖，弃土不得堆在主滑区内。开挖挡墙基槽也应从滑坡体两侧向中部分段跳槽进行，并加强支撑，及时砌筑和回填墙背，施工中应设专人观察，严防坍方。

（4）在落石与岩堆地段施工时，应先清理危石和设置拦截设施后再行开挖。其开挖面坡度应按设计进行，应边挖边清除坡面上松动石块。在岩溶地区施工时，应认真处理岩溶水的涌出，以免导致突发性的坍塌。在泥沼地段施工时，应有必要的防范措施，避免人、机下陷。挖出的废土应堆置在合适的地方，以防汛期造成人为的泥石流。采用人工挑、抬、运土，应检查箩筐、抬杠、扁担、绳索等的牢固程度。

3.石方工程的安全管理

(1) 石方爆破作业，以及爆破器材的管理、加工、运输、检验和销毁等工作均应按国家现行的《爆破安全规程》(GB 6722—86) 执行。锻制钢钎时，锻工应按规定穿戴防护用品，煊钎和淬火支架必须牢固。截断钎子时，开锤用力应轻。热钎和冷钎应分开放置并以标志识别。选择炮位时，炮眼口应避开正对的电线、路口和构造物。凿打炮眼时，坡面上的浮岩危石应予清理。凿眼所用工具和机械要详加检查，确认完好。严禁在残眼上打孔。

(2) 作业人员在保管、加工、运输爆破器材过程中，严禁穿着化纤衣服。爆破器材应按规定要求进行检验，对失效及不符合技术条件要求的不得使用。爆破器材应由专人领取，炸药与雷管严禁由一人同时搬运。电雷管严禁与带电物品一起携带运送。爆破器材的运送，应避开人员密集地段，并直接送往工地，中途不得停留，并不得随地存放或带入宿舍。

(3) 大型爆破必须按审批的爆破设计书，在征得当地县(市)以上公安部门同意后，由成立的现场指挥机构组织人员实施。大型爆破的安全距离，除考虑个别飞散物的因素外，尚应考虑因爆破引起地震及冲击波对人员、设施及建筑物的影响，按规定经计算后确定安全距离。石方地段爆破后，清理石方人员必须在已经解除警戒、作业面上的悬岩危石也经检查处理后，方可进入现场。撬动岩石必须由上而下逐层撬(打)落，严禁上下双重作业，不得将下面撬空使其上部自然坍落。撬棍的高度不宜超过人的肩膀，不得将棍端紧抵腹部，也不得把撬棍放在肩上施力。

4.防护工程的安全管理

(1) 防护工程砌筑。边坡防护作业，必须搭设牢固的脚手架；砌石工程必须自下而上进行，片石改小，不得在脚手架上进行。护墙砌筑时，墙下严禁站人，抬运石块上架时，跳板应坚固，并设防滑条；抹面、勾缝作业必须先上后下。严禁在砌筑好的坡面上行走，上下必须用爬梯。架上作业时，架下不准有人操作或停留，不得上面砌筑、下面勾缝。

(2) 挡墙挖基应视土质、湿度和挖掘的深度设置安全边坡，否则应设置相适应的围壁支撑。人工挖基作业时，从基坑内抛上的土方应边挖边运。用土台分层抛掷传运出土时，台阶宽度不得小于0.7m，高度不得大于1.5m。基坑上边缘暂时堆放的土方至少应距坑边0.8m以外，堆放高度不得超过1.5m。

## 4.7 路面工程安全管理

公路工程中，路面工程的安全管理包括以下几个方面：基层施工、沥青路面、水泥混凝土路面、机械碾压和旧路面凿除。

1. 基层施工中的安全管理

（1）消解石灰，不得在浸水的同时边投料、边翻拌，人员应远避，以防烫伤。装卸、洒铺及翻动粉状材料时，操作人员应站在上风侧，轻拌轻翻减少粉尘。散装粉状材料宜使用粉料运输车运输，否则车厢上应采用篷布遮盖。装卸尽量避免在大风天气下进行。

（2）碎石散布机作业。自卸汽车与散布机联合作业，应紧密配合，以防碰撞。散布碎石时，车速要稳定，不应在散布过程中换档。严禁散布机长途自行转移。在工地作短距离转移时，必须停止拨料辊及皮带运输机的转动，并注意道路状况以防碰坏机件。作业时无关人员不得进入现场，以防碎石伤人。石料的最大颗粒不得超过说明书中的规定。

（3）洒水车在公路上抽水时，不得妨碍交通。在有水草和杂物的水道中抽水时，吸水管应加设滤网罩。洒水车在上下坡及弯道中运行时，不得高速行驶，并避免紧急制动。洒水车驾驶室外不得载人。

2. 沥青路面的安全管理

（1）沥青施工操作人员均应进行体检。凡患有结膜炎、皮肤病及对沥青有过敏反应者，不宜从事沥青作业。从事沥青作业人员，皮肤外露部分须涂抹防护药膏。工地上应配有医护人员。沥青操作工的工作服及防护用品，应集中存放，严禁穿戴回家和进入集体宿舍。沥青的加热及混合料拌制，宜设在人员较少、场地空旷的地段。对产量较大的拌和设备，有条件的应增设防尘设施。块状沥青的搬运一般宜在夜间和阴天进行，尤应避免炎热季节。搬运时宜采用小型机械装卸，不宜用手直接装运。

（2）人工运送液态沥青，装油量不得超过容器的 2/3。沥青的预热与熬制可采用蒸汽、导热油、太阳能及远红外等加工工艺。蒸汽加温沥青时，其蒸汽管道应连接牢固，严加保护，在人员易触及的部位，必须用保温材料包扎。太阳能油池上面的工作梯必须具有防滑措施，严禁非作业人员攀登。

（3）沥青混合料拌和站的各种机电（包括使用微电脑控制进料的）设备，在运转前均需由机工、电工、电脑操作人员进行详细检查，确认正常完好后才能合闸运转。机组投入正常运转后，各部门、各工种都要随时监视各部位运转情况，不得擅离岗位。运转过程中，如发现异常情况，应报告机长，并及时排除故障。停机前应首先停止进料，需等各部位（拌鼓、烘干筒等）卸完料后，才可提前停机。再次启动时，不得带负荷启动。

（4）沥青混合料摊铺作业时，驾驶台及作业现场要视野开阔，清除一切有碍工作的障碍物。作业时无关人员不得在驾驶台上逗留。驾驶人员不得擅离岗位；运料车向摊铺机卸料时，应协调动作，同步进行，防止互撞；换档必须在摊铺机完全停止时进行，严禁强行挂档和在坡道上换档或空挡滑行；烫平板预热时，应控制热量，防止因局部过热而变形。加热过程中，必须有专人看管；驾驶操作力求平稳，不得急剧转向。弯道作业时，烫平装置的端头与路缘石的间距不得小于10cm，以免发生碰撞；用柴油清洗摊铺机时，不得接近明火。

### 3. 水泥混凝土路面施工的安全管理

（1）混凝土拌和及运送

手推车或小型翻斗车装运混凝土，车辆之间应保持一定的安全距离。水泥混凝土运输车运送混凝土拌和物时，液压泵、液压马达及阀件应紧固，并与管道连接牢固，密封良好。各泵旋转时应无卡阻和异常声响；当传动系统出现故障，液压油输出中断而导致滚筒停转，并一时无法修复时，要利用紧急排出系统快速排出混凝土拌和物；严禁用手触摸旋转中的搅拌筒和随动轮。

（2）机械摊铺

①轨模式水泥混凝土摊铺机摊铺时，应遵守下列规定：布料机与振平机之间应保持5～8cm的安全距离；布料机传动钢丝的松紧要适度；不得将刮板置于运行方向垂直的位置，也不得借助整机的惯性冲击料堆；作业中严禁驾驶员擅自离开驾驶台；无关人员不得在驾驶台上停留或上下摊铺机；在弯道上作业时，要注意防止摊铺机脱轨。

②滑模式水泥混凝土摊铺机摊铺时，应遵守下列规定：停机处平坦、坚实，并用支垫牢固的木块垫起机体；履带垫离地面后方可进行调整、安装工作；调整机器高度时，工作踏板及扶梯等处不得站人；作业期间严禁碰撞引导线；摊铺机应避免紧急转向，防止与预置钢筋、缘石等碰撞；摊铺机不得牵引其他机械，其他机械牵引摊铺机时应用刚性拖杆；摊铺机停放在通车道路上时，周围必须设置明显的安全标志。夜间应以红灯示警，其能见度不得小于150m。

③真空吸水作业时，严禁操作人员在吸垫上行走或将物件置压在吸垫上；使用水泥混凝土抹平机时，应确保抹平机的叶片光洁平整，并处在同一水平面，其连接螺栓应紧固不松动，并在无负荷状态下起动；电缆要有专人收放，确保不打结，不砸压，如发现有异常现象应立即停机检查。

（3）切缝、养生

切缝机锯缝时，刀片夹板的螺母应紧固，各连接部位和安全防护罩应完好正常。切缝前应先打开冷却水，冷却水中断时应停止切缝。切缝时刀片要缓缓切入，并注意割切深度指示器，当遇有较大切割阻力时，应立即升起刀片检查。停止切缝时应先将刀片提离板面后才可停止运转。

机械碾压的安全管理包括：压路机作业。严禁在压路机没有熄火、下无支垫三角木的情况下进行机下检修。压路机应停放在平坦、坚实并对交通及施工作业无妨碍的地方。停放在坡道上时，前后轮应支垫三角木。压路机前后轮的刮板，应保持平整良好。碾轮刷油或洒水的人员应与司机密切配合，必须跟在碾轮行走的后方，要注意压路机转向。

旧路面凿除的安全管理包括：旧路面凿除宜分小段进行，以免妨碍交通。用镐开挖旧路面时，应并排前进，左右间距应不小于 2m，不得面对面使镐。大锤砸碎旧路面时，周围不得有人站立或通行。锤击钢钎，使锤人站在扶钎人的侧面，使锤者不得戴手套，锤柄端头应有防滑措施。利用机械破碎旧路面时，应有专人统一指挥，操作范围内不得有人，铲刀切入地面不宜过深，推刀速度应缓慢。

## 4.8 桥梁工程安全管理

公路工程中，桥梁工程的安全管理包括：一般规定、基础工程、墩台工程、上部工程、混凝土预制场、预制构件运输。本文主要论述一般规定、基础工程、水下施工、高处作业、预应力张拉法施工中的安全管理。

1. 一般规定

（1）高桥、大跨、深水、结构复杂的大型桥梁施工，应对施工安全做专项调查研究，并制定相应的安全技术措施。单项工程（包括辅助结构、临时工程）开工前，应根据本规定制定的安全操作细则，向施工人员进行安全技术交底。桥涵施工前，应对施工现场、机具设备及安全防护设施等，进行全面检查，确认符合安全要求后方可施工。

（2）对于手持式电动工具，应按国标《手持式电动工具的管理、使用、检查和维修安全技术规程》（GB 3787—83）的规定，根据手持式电动工具的类别和作业场所的安全要求，加设漏电保护器。

（3）桥涵施工，采用多层作业或桥下通车、行人等立体施工时，应布设安全网。对于通航江河上的桥涵工程，施工前应与当地港航监督部门联系，制定有关通航、作业安全事宜。高处露天作业、缆索吊装及大型构件起重吊装时，应根据作业高度和现场风力大小、对作业的影响程度，制定适于施工的风力标准。遇有六级（含六级）以上大风时，上述施工应停止作业。

2. 基础工程

（1）明挖基础。开挖基坑时，如对邻近建（构）筑物或临时设施有影响时，应采取安全防护措施。挖掘机等机械在坑顶进行挖基出土作业时，机身距坑边的安全距离应视基坑深度、土质情况而定。一般不小于1.0m，堆放材料及机具时应不小于0.8m。采用桅杆吊斗或皮带运输机出土时，应检查吊斗绳索、挂钩、机具等是否完好牢固。吊斗升降时，坑内作业人员应躲离吊斗升降移动范围以外。吊斗使用后，应及时摘下，不得悬挂。在水中挖基，应备有便于出入基坑的爬梯等安全设施。开挖中，当坑沿顶面裂缝、坑壁松塌或遇有涌水、涌砂影响基坑边坡稳定时，应立即加固防护。小型桥涵施工，如不能保证车辆通行时，应事先修好便道或便桥（涵），并在修建桥涵的公路两端设置“禁止通行”的标志。寒冷地区采用冻结法开挖基坑时，应根据地质、水文、气温等情况，分层冻结，逐层开挖。

（2）沉井基础。沉井的初沉阶段不宜在汛期内施工。如必须在汛期、凌汛期施工时，应采取稳妥可靠的安全防护措施。在围堰岛上就地浇筑的沉井，围堰要牢固，防止冲刷产生坍塌。沉井下沉，采用人工开挖时，劳动组织要合理，井内人员不宜过多。井内、井上搭设的抽水机台座（架）必须安装牢靠。电路应使用防水胶线，防止漏电。在深水处，采用浮式沉井施工时，浮式沉井在下水前，应进行水密性检查，合格后方可下水。浮式沉井下水前，应制定下水方案。当采用起吊下水时，应对起重设备合理配置使其受力均匀；当河岸有适度坡度，而采用滑移、牵引等措施下水时，必须保证沉井安全，严防倾覆及损伤。

3.高处作业时的安全管理

（1）进行高处作业施工的，应使用脚手架、平台、梯子、防护围栏、挡脚板、安全带和安全网等。作业前应认真检查所用的安全投放是否牢固、可靠。凡从事高处作业人员应接受作业安全知识的教育；特殊高处作业人员应持证上岗，上岗前应依据有关规定进行专门的安全技术交底。采用新工艺、新技术、新材料和新设备的，要按规定对作业人员进行相关安全技术教育。高处作业人员应经过体检，合格后方可上岗。施工单位应为作业人员提供合格的安全帽、安全带等必备的个人安全防护用具，作业人员应按规定正确佩带和使用。

（2）施工单位应按类别、有针对性地将各类安全警示标志悬挂于施工现场各相应部位。夜间应设红灯示警。高处作业所用工具、材料严禁投掷，上下主体交叉作业确有需要时，中间须设隔离设施。高处作业应设置可靠扶梯，作业人员应沿着扶梯上下，不得沿着立杆与栏杆攀登。在雨雪天应采取防滑措施，当风速在10.8m/s以上和雷电、暴雨、大雾等气候条件下不得进行露天高处作业。

（3）高处作业上下应设置联系信号或通讯装置，并指定专人负责。高处作业前，工程项目部应组织有关部门对安全防护设施进行验收，经验收合格签字后方可作业。需要临时拆除或变动安全设施的，应经项目技术负责人审批签字，并组织有关部门验收，经验收合格签字后方可实施。

4.预应力张拉法施工的安全管理

（1）预应力钢束（钢丝束、钢绞线）张拉施工前，应遵守张拉作业区，无关人员不得进入；检查张拉设备、工具（如千斤顶、油泵、压力表、油管、顶锲器及液孔顶压阀等）是否符合施工及安全的要求；压力表应按照规定周期进行检定；锚环及锚塞使用前应检验，合格后方可使用；高压油泵与千斤顶之间的连接点，各接口必须完好无损；油泵操作人员要戴防护眼镜；油泵开动时，进、回油速度与压力表指针升降，应平稳、均匀一致；安全阀要经常保持灵敏可靠；张拉前，操作人员要确定联络信号，张拉两端相距较远时，宜设对讲机等通讯设备。

（2）在已拼装或悬浇的箱梁上进行张拉作业，其张拉作业平台、拉伸机支架要搭设牢固，平台四周应加设护栏。高处作业时，应设上下扶梯及安全网。施工的吊篮，应安挂牢固，必要时可另备安全保险设施。张拉时千斤顶的对面及后面严禁站人，作业人员应站在千斤顶的两侧。张拉操作中若出现异常现象（如油表震动剧烈、发生漏油、电机声音异常、发生断丝、滑丝等），应立即停机进行检查。张拉钢束完毕，退销时应采取安全防护措施。人工拆卸销子时，不得强击。张拉完毕后对张拉施锚两端，应妥善保护，不得压重物。管道尚未灌浆前，梁端应设围护和挡板。严禁撞击锚具、钢束及钢筋。

（3）先法张拉施工时，除按本节有关规定施工外，还应做到张拉前，对台座、横梁等进行检查；先张法张拉中和未浇混凝土之前，周围不得站人和进行其他作业；浇筑混凝土时，振捣器不得撞击钢丝（钢束）；用卷扬机滑轮组张拉小型构件时，张拉完成后应切断电源和卡固钢丝绳。

（4）精轧螺纹钢筋张拉前，除对张拉台座检查外，还应对锚具、连接器进行检查、实验。预应力钢筋冷拉时，在千斤顶的端部及非张拉端部，均不得站人。钢筋张拉或冷拉时，螺丝端杆、套筒螺丝必须有足够的长度；夹具应有足够的加紧能力，防止锚夹不牢而滑出。管道压浆时，应严格按规定压力进行。施压前应调整好安全阀。关闭阀门时，作业人员应站在侧面。

## 4.9 隧道工程安全管理

1.隧道工程安全管理的一般规定

（1）施工场地应做出详细的部署和安置，出碴、进料及材料堆放场地应妥善布置，弃碴场地应设置在不堵塞河流、不污染环境、不毁坏农田的地段。对风、水、电、路等设施做出统一安排，并在进洞前基本完成。进洞前应先作好洞口工程，稳定好洞口的边坡和仰坡，作好天沟、边沟等排水设施，确保地表水不致危及隧道的施工安全。

（2）所有进入隧道工地的人员，必须按规定佩戴安全防护用品，遵章守纪，听从指挥。遇有不良地质地段施工时，应按照先治水、短开挖、弱爆破、先护顶、强支护、早衬砌的原则稳步前进。如设计文件中指明有不良地质情况时，必要时应进行超前钻孔，探明情况，采取预防措施。

2. 瓦斯防治的注意事项

（1）隧道施工发现瓦斯时，应加强通风，采取防范措施。瓦斯防治主要是消除瓦斯超限和积存，断绝一切可能引燃瓦斯爆炸的火源。隧道内严禁使用油灯、电石灯、气灯等有火焰的灯火照明。任何人进入隧道必须接受检查，严禁将火柴、打火机及其他可能自燃的物品带入洞内。

（2）掘进工作面风流中的瓦斯浓度达到1%时，必须停止电钻打眼；达到1.5%时，必须停止工作，撤出人员，切断电源，进行处理。放炮地点附近20cm以内风流中瓦斯浓度达到1%时，严禁装药放炮。电动机附近20cm以内风流中的瓦斯浓度达到1.5%时，必须切断电源停止运行。掘进工作面的局部瓦斯积聚浓度达到2%时，其附近20cm内必须停止工作，切断电源。

（3）有瓦斯隧道施工中的机具，如电瓶车、通风机、电话机、放炮器等，必须采用防爆型。必须严格采用湿式凿岩，洞内使用的金属锤头必须镶有不产生火花的合金。装碴使用的金属器械，不得猛力与石碴碰击，铲装前必须将石碴浇湿。

（4）有瓦斯的隧道，每个洞口必须设专职瓦斯检查员。一般情况下每小时检测一次，并将结果记入记录簿。检测瓦斯的检定器应每季度校对一次。通风必须采用吹入式。通风主机应有一台备用机，并应有两路电源供电。通风机停止时，洞内全体人员必须撤至洞外。隧道施工时必须配备必要的急救和抢救的设备和人员。施工人员必须具有防止瓦斯爆炸方面的安全知识。

## 复习思考题

1. 政府部门、工程监理单位、施工单位安全管理的职责是什么？
2. 如何使用法律手段进行安全管理？
3. 路基工程、路面工程安全管理的主要内容是什么？
4. 桥梁工程、隧道工程安全管理的主要内容是什么？

# 第5章
# 公路工程安全检查与验收

**本章概要**

掌握安全生产检查的要求和内容；熟悉安全计划实施情况验收和安全计划验证与改进的方法；了解安全设施与设备的验收。

## 5.1 安全生产检查

安全生产的检查既有项目部组织的安全生产自我检查，也有监理、业主及上级主管部门的安全生产检查。安全生产的检查分为定期检查和不定期的检查巡视。对于安全检查中发现的问题，应予以及时的纠正，做好预防措施，进一步完善和修正安全方案，防止事故和隐患的再次发生。

### 5.1.1 安全检查的要求

各种安全检查应根据检查的需要配备足够的资源。对于大范围、全面性的检查，应明确检查负责人，选调专业人员，明确分工，明确检查内容和标准等。施工现场的安全检查，应执行国家、行业、地方的相关标准。当上述标准不能覆盖工程项目的具体情况时，应在安全计划中明确规定。项目经理部应定期组织有关职能部门的负责人和项目专职安全员共同积极配合项目公司安全技术部门进行专项和重点检查。对现场的安全生产状况进行检查和验证，并保存记录。

对特殊过程、关键环节和部位应重点检查。特别要做好易发“高空坠落”、“机械伤害”、“淹溺”、“触电”、“火灾”等事故场所的检查，边查边改。同时各项目根据各自承担工程的实际情况，推行项目安全检查表，做到安全生产检查规范化、标准化。检查中应了解安全管理人员及操作工人的安全意识和素质。

检查记录应认真详细，真实可靠，特别是对隐患的检查记录应具体。

安全检查记录要用定性定量的方法，认真进行系统分析安全评价，明确达标、不达标、需要改进和整改的内容。受检单位应根据安全评价及时制定改进的对策和措施。

需整改的应落实整改工作，做到定措施、定期限、定负责人，以落实整改工作的跟进检查。对事故隐患应按有关要求进行分析和处理，对分包单位的违章处理应对照项目的管理文件和分包合同中安全生产相关条款的规定。

### 5.1.2 安全检查的内容

安全检查是指对施工项目贯彻安全生产法律法规的情况、安全生产状况、劳动条件、事故隐患等所进行的检查。

安全生产检查按组织者的不同可以分为下列两大类：

一是安全大检查，指由项目经理部组织的各种安全生产检查或专业检查。安全生产大检查通常是在一定时期内有目的、有组织地进行，一般规模较大，检查时间较长，揭露问题较多，判断较准确，有利于促使项目重视安全，并对安全生产中的一些“老大难”问题进行剖析整改。

二是自我检查，由劳务层组织对自身安全生产情况进行的各种检查。自我检查通常采用经常性检查与定期检查、专业检查与群众检查相结合的安全检查制度。经常性检查是指安全技术人员、专职或兼职人员会同班组对安全的日查、周查和月查。定期检查是项目组织的定期（每月、每季、半年或一年）全面的安全检查。专业检查是指根据设备和季节特点进行专项的专业安全检查，如防火、防爆、防尘、防毒等检查。群众性安全检查指发动全体员工普遍进行安全检查，并对员工进行安全教育。此外，还有根据季节性特点所进行的季节性检查，如冬季防寒、夏季防暑降温以及雨季防洪等检查。

安全生产检查的主要内容包括：查思想，查制度，查机械设备，查安全设施，查安全教育培训，查操作行为，查防护用品使用，查伤亡事故处理、查环境影响等。

安全生产检查的方法，常用的有：深入现场实地观察，召开汇报会、座谈会、调查会以及个别访问，查阅安全生产记录等。

公路工程施工安全检查的主要范围、项目、检查内容、检查方法或要求等见表5-1、表5-2。

**公路工程施工安全检查** 表5-1

| 序　号 | 检查项目 | 检查内容 | 检查结果 |
|---|---|---|---|
| 1 | 施工准备 | 施工现场、施工测量、场内交通、水电设施及砂、石采集与堆放 | |
| 2 | 路基工程 | 清理场地、土方工程、石方工程、防护工程 | |
| 3 | 路面工程 | 基层施工、沥青路面施工、水泥混凝土路面施工、机械碾压、旧路面凿除 | |

续上表

| 序　　号 | 检 查 项 目 | 检 查 内 容 | 检查结果 |
|---|---|---|---|
| 4 | 桥梁工程 | 基础工程、墩台工程、上部工程、混凝土预制场、预制构件运输 | |
| 5 | 隧道工程 | 开挖、凿孔及爆破、洞内运输、支护、衬砌竖井与斜井、通风及防尘、照明、排水及防火、瓦斯防治 | |
| 6 | 主要工序作业 | 模板、木工机械、支架、脚手架、钢筋、焊接、锅炉、起重吊装、高处作业、水上作业、潜水作业 | |
| 7 | 特殊季节与夜间施工 | 雨季、冬季、高温季节、夜间施工 | |
| 8 | 其他 | 边通车、边施工地段的交通管理 | |

**公司、工程队安全检查表**　　表 5-2

| 检查项目 | 检 查 内 容 | 检查方法或要求 | 检查结果 |
|---|---|---|---|
| 安全生产制度 | (1) 安全生产管理制度是否健全并认真执行 | 制度健全，切实可行，进行了层层贯彻，各级主要领导人员和安全技术人员，知道其主要条款 | |
| | (2) 安全生产责任制是否落实 | 各级安全生产责任制落实到单位和部门，岗位安全生产责任制落实到人 | |
| | (3) 安全生产的“五同时”执行情况 | 在计划、布置、检查、总结，评比生产同时，计划、布置、总结，评比安全生产工作 | |
| | (4) 安全生产计划编制、执行情况 | 计划编制切实、可行、完整、及时，贯彻得认真，执行有力 | |
| | (5) 安全生产管理结构是否健全，人员配备是否得当 | 有领导、执行、监督机构，有群众性的安全网点活动，安全生产管理人员不缺员，没被抽出做其他工作 | |
| 安全教育 | (6) 新工人三级教育执行情况 | 有教育计划、有内容、有记录、有考试或考核 | |
| | (7) 特殊工种的安全教育坚持情况 | 有安排、有记录、有考试，合格者发操作证，不合格者进行补课教育或停止操作 | |
| | (8) 改变工种和采用新技术等人员的安全教育情况 | 教育得及时，有记录、有考核 | |
| | (9) 对工人日常教育进行得怎样 | 有安排、有记录 | |
| | (10) 各级领导干部和业务员是怎样进行安全教育的 | 有安排、有记录 | |

续上表

| 检查项目 | 检 查 内 容 | 检查方法或要求 | 检查结果 |
|---|---|---|---|
| 安全技术 | (11) 有无完善的安全技术操作规程 | 操作规程完善、具体、实用、不漏项、不漏岗、不漏人 | |
| | (12) 安全技术措施计划是否完善、及时 | 单项、单位、分部分项工程都有安全技术措施计划，进行了安全技术交底 | |
| | (13) 主要安全设施是否可靠 | 道路、管道、电气线路、材料堆放、临时设施等的平面布置符合安全、卫生、防火要求；坑、井、洞、孔、沟等处都有安全设施；脚手架、井子架、龙门架、塔台、梯凳等都符合安全生产要求和文明施工要求 | |
| | (14) 各种机具、机电设备是否安全可靠 | 安全防护装置齐全，灵敏；闸阀、开关、插头、插座、手柄等均安全，不漏电；有避雷装置、有接地接零；起重设备有限位装置；保险设施齐全完好等待 | |
| | (15) 防尘、防毒、防爆、防暑、防冻等措施是否妥当 | 均达到了安全技术要求 | |
| | (16) 防火措施是否妥当 | 有消防组织，有完备的消防工具和设施，水源方便，道路畅通 | |
| | (17) 安全帽、安全带、安全网及其他防护用品和设施是否妥当 | 性能可靠，佩戴或搭设均符合要求 | |
| 安全检查 | (18) 安全检查制度是否坚持执行 | 按规定进行安全检查，有活动记录 | |
| | (19) 是否有违纪、违章现象 | 发现违纪、违章，及时纠正或进行处理，奖罚分明 | |
| | (20) 隐患处理得如何 | 发现隐患，及时采取措施，并有信息反馈 | |
| | (21) 交通安全管理得怎样 | 无交通事故，无违章、违纪、受罚现象 | |
| 安全业务工作 | (22) 记录、台账、资料、报表等管理得怎样 | 齐全、完整、可靠 | |
| | (23) 安全事故报告及时否 | 按“三不放过”原则处理事故，报告及时，无瞒报、谎报、拖报现象 | |
| | (24) 事故预测和分析工作是否开展了 | 进行了事故预测，进行事故一般分析和深入分析，运用了先进方法和工具 | |
| | (25) 竞赛、评比、总结等工作进行否 | 按工作规划进行 | |

### 5.1.3 事故隐患的消除

安全检查的目的是发现、处理、消除危险因素，避免事故伤害，实现安全生产。消除危险因素的关键环节，在于认真地整改，真正确实地把危险因素消除。对于一些由于种种原因而一时不能消除的危险因素，应逐项分析，寻求解决方法，安排整改计划，加快予以解决。

安全检查后的整改，必须坚持“三定”和“不推不拖”，不使危险因素长期存在危及人的安全。“三定”指的是对检查后发现的危险因素的消除态度。定具体整改责任人，定解决与改正的具体措施，限定消除危险因素的整改时间。在解决具体的危险因素时，凡借用自己的力量能够解决的，不推托、不等不靠，坚决地组织整改；自己解决有困难时，应积极主动寻找解决的办法，争取外界支援以尽快整改。不把整改的责任推给上级，也不拖延整改时间，以尽量快的速度，把危险因素消除。

项目经理部应对存在隐患的安全设施、过程和行为进行控制，确保不合格设施不使用、不合格物质不放行、不合格过程不通过、不安全行为不放过。项目经理部应确定对事故隐患进行处理的人员，规定其职责和权限。处理方式有停止使用、封存；指定专人进行整改以达到规定要求；进行返工，以达到规定要求；对有不安全行为的人员进行教育或处罚；对不安全生产的过程重新组织。

项目经理部应对潜在的事故进行分析并针对存在问题的原因，采取预防措施，预防措施应与存在问题的危害程度和风险相适应。预防措施具体包括：针对影响施工安全的过程，审核结果、安全记录和业主意见、社会投诉等，以发现、分析、消除事故隐患的潜在因素；对要求采取的预防措施，确定所需的处理步骤；对预防措施实施控制，并确保措施落实到实处；确保所采取的预防措施实施效果反馈到相关部门。

物质和环境均具有危险源，也是产生安全事故的主要因素。因此，在施工项目安全控制中，应根据工程项目施工的具体情况，采取有效的措施减少或断绝危险源。如发生起重伤害事故的主要原因有两类，一是起重设备的安全装置不全或失灵；二是起重机司机违章作业或指挥失误所致。因此，预防起重伤害事故也要从这两方面入手。第一要保障安全装置（行程、高度、变幅、超负荷限制装置，其他保险装置等）齐全可靠，并经常检查、维修，使转动灵敏，严禁使用带“病”的起重设备。第二是起重机指挥人员和司机必须经过操作技术培训和安全技术考核，持证上岗，不得违章作业，要坚持十个“不准吊”。此外，还有一些安全措施，如起吊容易脱钩的大型构件时，必须用卡环；严禁吊物在高压线上方旋转；严禁在高压线下面从事起重作业等。

对查出的事故隐患及事故苗头，有关部门要制定整改计划，做到定人、定措施、定完成日期，必须做到条条有着落，件件有交代。在隐患未消除前，必须采取可靠的防护措施，如危及职工人身安全的，应立即停止作业。

对于工作人员来说，应做好以下几个方面的工作，消除事故隐患：

(1) 遵守劳动纪律，服从项目领导和安全检查人员的指挥。上岗作业时，思想集中，坚守岗位，未经许可不得随意从事非本工种作业。不得酒后作业和在严禁烟火的场所吸烟、动火。

(2) 严格执行本工种（岗位）安全操作规程，不违章冒险作业，有权拒绝违章指挥，有责任制止他人违章操作。

(3) 按照作业要求正确穿戴好个人防护用品，进入施工现场必须戴好安全帽，在没有防护设施的高处、悬崖和陡坡施工中必须系好安全带；水上作业穿好救生衣；高处和交叉作业时不得往下投掷物料；严禁穿硬底鞋、拖鞋、高跟鞋或赤脚、赤膊进入施工现场；女工不得穿裙子上班作业。

(4) 在施工现场行走要注意安全，不得随意攀登脚手架、龙门架、双导梁、悬梯和吊钩、铲斗，不得私自断开、合上电动开关和私接乱拉电源线。非特种作业人员严禁从事特种作业，不是机械操作工严禁拨弄或开动机械设备，不得在施工现场打闹玩耍，不得将家属、小孩或无关人员带入施工现场。

(5) 非操作人员未经允许不得随意进入爆破警戒区、钢筋（钢索）张拉区、吊装作业区、龙门架拼装或拆除区。对施工现场各种防护设施装置、防护围栏、盖板、安全标志等不得任意拆除和随意挪动。

## 5.2 安全生产验收

### 5.2.1 安全计划实施情况的验收

安全计划应与施工计划相互配合来编制。在下达施工计划时，要考虑工程特点和气候条件，并会同有关部门提出的安全要求和注意事项，合理安排安全计划。在安全计划中，要将支、拆安全网，拆、搭脚手架等列为正式工作，给予时间保证。

安全计划实施情况的验收应与施工计划的检查配合进行。

安全计划实施情况的验收包括以下几个方面：安全生产制度、安全教育、安全技术、安全检查和安全业务工作的验收。其中安全生产制度的验收应注意安全生产管理制度是否健全并认真执行、安全生产责任制是否落实、安全生产的“五同时”执行得如何。安全技术的验收应注意安全技术的操作规程是否完善；安全技术措施计划是否完善和及时；主要安全设施是否可靠；各种机具和机电设备是否安全可靠；防尘、防毒、防爆、防暑、防冻等措施是否妥当；防火措施是否妥当；安全帽、安全带、安全网及其他防护用品和设施是否妥当。安全检查的验收应注意安全检查制度是否坚持执行；是否有违纪、违章现象；隐患处理得如何；交通安全管理得怎样。

### 5.2.2 安全设施与设备的验收

安全设施与设备的验收包括以下几个方面：

1. 平面布置

（1）在施工组织设计（或施工方案）中，必须有详细的施工平面布置图。运输道路、临时用电线路布置，各种管道、仓库、加工车间如木工棚、钢筋加工棚等的布置，主要机械设备位置及工地办公、生活设施等临时工程的安排，特别是危险物料如炸药、雷管等的贮放，均应符合安全要求。

（2）工地四周应有与外界隔离的维护设置，入口处一般应有（特殊工程除外）工程名称、施工单位名称牌，并设置施工现场平面布置图、施工概括表（或称施工公告）、施工现场安全管理规定告示牌，使进入工地的人能对工程概况有一个基本了解并注意安全的警示忠告。

（3）工地排水设施应全面规划。排水沟的截面及坡度应有利于排水，其设置不得妨碍交通和影响工地周围环境。排水沟应经常清理疏浚，保持畅通。

2. 道路运输

（1）工地的人行道、车行道应坚实平坦，保持畅通。主要道路应与主要临时建筑物的道路连通。场内运输道路应尽量减少弯道和交叉点。频繁的交叉处，必须设有明显的警告标志，或设临时交通指挥（指挥人员或指挥信号）。

（2）工地通道不得任意挖掘或截断。如因工程需要，必须开挖时，有关部门应事先协调，统一规划。同时将通过道路的沟渠，搭设安全牢固的桥板。

3. 材料堆放

（1）一切建筑施工器材（包括建筑材料、预制构件、施工设施构件等）都应该按施工平面布置图规定的地点分类堆放整齐稳固。各类材料的堆放高度不得超过规定高度。严禁靠近场地围护栅栏及其他建筑物墙壁堆置，且其间距应在 50cm 以上，两头空间应予封闭，防止有人入内，发生意外伤害事故。

（2）作业中剩余的器材及现场拆下来的模板、脚手架杆件和余料、废料等都应随时清理回收，并且将钉子拔掉或者打弯再分类集中堆放。

（3）油漆及其稀释剂和其他对职工健康有害物质，应该存放在通风良好、严禁烟火的专用仓库。沥青应放置在干燥、通气的场所。

4. 施工现场的安全设施

安全设施如安全网、洞口盖板、护栏、防护罩、各种限制保险装置都必须齐全有效，并且不得擅自拆除或移动。因施工确实需要移动时，必须经过工地施工管理负责人同意，并需采取相应的安全措施，在完工后立即复原。

5. 安全标牌

施工现场除应设置安全宣传标语牌外，危险部位还必须悬挂按照《安全色》（GB 2893—82）和《安全标志》（GB 2894—82）规定的标牌。夜间有人经过的坑洞等处还应设红灯示警。

6. 防火

（1）在编制施工组织设计（或施工方案）时，应有消防安全要求。如施工现场平面布置、暂设工程（临时工程）搭建位置、用火用电和易燃易爆物品的安全管理，工地消防设施和消防责任制等都应按消防要求周密考虑和落实。

（2）施工现场要明确划分用火作业区，易燃、可燃材料堆放场区，仓库，易燃废品集中点和生活区等，各区域之间间距要符合防火规定。

（3）工棚或临时宿舍的搭建及间距要符合防火规定。临时宿舍尽可能搭建在离开建筑物 20m 以外的地方，并不得搭在高压架空线路下方，应和高压架空线路保持安全距离。工棚内顶高度一般不低于 2.5m。每幢宿舍居住人数，不宜超过 100 人；每 25 人要有一个能直接出入的门，门宽不少于 1.2m，同时门必须向外开。一切架空电线均须用固定瓷瓶绝缘，电线穿过墙壁时，必须从磁管硬管内通过。明火作业必须经有关部门批准后，才可动火。仓库、木工棚及易燃易爆物堆（存）放等处，应张贴（悬挂）醒目的防火标志。施工现场必须配备足够数量的防火、灭火设施和器材，如防火工具（消防痛、消防梯、铁锹、安全钩等）、砂箱（池）、消防池（缸）、消防栓和灭火器。

7. 防爆

（1）爆炸的发生都必须具备一定的条件，例如可燃气体、可燃液体的蒸汽或可燃性粉尘，在达到一定的浓度或压力时与空气混合，遇到火源等就会造成爆炸。

（2）建筑施工现场防爆工作的主要内容为：对于爆破及引爆物品的储存、保管、领用都必须严格按规定执行；各种可燃性液体、油漆涂料等在运输、保存、使用中，除按规定外，应根据其性能特点采取相应的防爆措施；各种气瓶的运输、存放、使用，必须按有关规定执行；要向操作者及其有关人员，做好安全交底。

8. 起重设备

对起重设备的验收应注意两点：一是起重设备的安全装置是否不全或失灵，安全装置（行程、高度、变幅、超负荷限制装置，其他保险装置等）是否齐全可靠，并应经常检查、维修，使其转动灵敏，严禁使用带“病”的起重设备；二是起重机指挥人员和司机必须经过操作技术培训和安全技术考核，持证上岗，不得违章作业。要坚持十个“不准吊”，此外，还有一些安全措施，如起吊容易脱钩的大型构件时，必须用卡环；严禁吊物在高压线上方旋转；严禁在高压线下面从事起重作业等。

## 5.3 安全计划验证与改进

### 5.3.1 安全计划的验证

安全计划的验证包括以下几个方面：

1. 标志施工过程中的验证

标志施工过程验证主要针对道路交通标志施工（高杆灯施工可参照执行）中的基坑开挖及构件吊装。

（1）基坑开挖

建设单位应按《建设工程安全生产管理条例》的要求，向施工单位提供施工现场及毗邻区域内供水、排水、供电、供气、通信、有线电视等地下管线资料，保护基础的开挖不损坏沿线的相关设施。施工单位在编制施工方案时，应根据地质情况、施工工艺、作业条件及周边环境制定支护方案，并由项目负责人审批签字后实施。

开挖过程中，施工单位应对相邻建（构）筑物、道路的沉降和位移情况进行观测，及时发现坍塌先兆。应设置安全边坡或固定支架。应注意基坑邻近的管道、电线等设施的保护，注意不得损坏邻近设施。雨天不得开挖深坑。基坑开挖过程中及完工后直至浇筑期间须在坑口设置有效的围栏，并加警示标志，防止行人或车辆跌入坑中。

（2）构件吊装施工

标志安装、高杆灯安装时需用到起重机，起重机多属租赁性质，特别需要加强安全管理。施工单位在本单项作业开工前，需向监理工程师报组织方案，包括：租赁合同、自检安全报告、操作员及指挥员的上岗证、安全保证措施、作业流程等。

起重机应有出租方的自检安全报告及保养记录。起重机进场前须经总包、分包、出租单位和安装单位共同验收，且验收前须由检测机构检验合格。起重机的操作员及指挥员须经培训合格取得上岗证。现场必须有指挥人员，不得独自操作。起重机臂下及回转盘等危险处须设置警示标志。应发给操作人员工作服、口罩、目镜、手套，攀高作业人员还应配备安全带。

2. 高架电缆施工过程中的验证

保护施工现场的高架电缆等设施，注意防雷。吊装过程中须临时封闭作业区，禁止行人车辆经过。台风期间禁止高空作业。

3. 标线施工过程中的验证

需注意以下方面：加热炉防火防爆、机油污染、交通封闭、高温施工、夜间施工、防护用品配备等。

(1) 车辆机具

标线加热炉进场时，着重检查煤气瓶是否有检验合格证明，是否在有效期内，瓶与炉之间距离是否足够等，炉边须配置灭火器。同时检查施工车辆是否为年审合格车辆、司机是否持有合格驾驶证件。如车辆可能渗漏机油，须配备接油的器具防止机油污染路面。

(2) 交通封闭

标线施工时，路面已交工，施工路段可能有车辆行驶，因此需做好交通封闭措施。按《道路交通标志和标线》的要求进行检查和验收，设置前方施工、道路施工和道路封闭等指示牌，必要时作单项封闭处理。在封闭道路两头，设置足够的锥形交通路标，并安排专人指挥过往车辆，禁止车辆驶入施工路段。

(3) 防护用品配置

施工单位须为施工工人配备反光衣等防护用品，并要求工人施工时必须穿着。

(4) 防暑工作

高温作业时，要做好防暑工作。高温下连续工作不宜超过3小时。发放草帽等防晒用具。发放清凉饮料。

(5) 夜间工作

夜间作业时，须配备足够的照明设施。

### 4. 护栏施工过程中的验证

(1) 立柱打桩机具

打桩机进场时，须经检查其技术状况，检查安装连接是否可靠，保养是否良好等。不符合要求不得进场。必须有操作规程供施工人员遵守，并履行技术交底程序。若机具有漏油污染现象，必须在机具下方放置接油器具，防止污染路面。

(2) 防护用品配备

施工人员必须有手套、安全帽。施工人员白天统一穿工作服，夜间必须穿反光衣。

(3) 交通封闭及标志要求

为保证施工顺利进行且不影响其他项目施工，应采取单幅封闭施工，并在中央分隔带交叉口处设置交通指示牌。在工作地点前放置“前方施工”标志牌，以引导经过车辆注意前方施工人员。

### 5. 雨棚灯、照明灯等收费棚顶设施施工（主要针对脚手架上作业）过程中的验证

(1) 该项工序中的脚手架搭设工程应单独编写安全组织设计，经施工单位技术负责人、总监理工程师签字后实施搭设。搭设后需施工单位安全人员、使用班组

长、监理工程师共同验收后才能使用。设计内容包括：脚手架搭设强度计算、人员安全防护用具（安全帽、安全带）配备、指挥人员要求、攀登工作人员要求等。

（2）脚手架在投入使用前，必须由施工负责人组织有支搭和使用脚手架的负责人及安全人员共同进行检查，履行交接验收手续。特殊脚手架，在支搭、拆装前，要由技术部门编制安全施工方案，并报上一级技术领导审批后，方可施工。

（3）特殊脚手架和高度在20m以上的高大脚手架，必须有设计方案。脚手架完工后必须悬挂符合国家规定的警示标志。

6.通信管道施工过程中的验证

（1）施工人员夜间施工应穿反光衣，施工现场前100m应设置明显施工警示标志和交通指示牌。封闭车道时，应在靠中央绿化带交叉口设置明显交通指示牌。

（2）管道开挖施工时，中央绿化带清出的渣、土禁止堆放在已铺沥青路、路肩和倒在边坡、水沟里，应在线外指定地方堆放，泥土不得污染路面基层。管道开挖时施工人员应保持5m以上的距离，防止工具碰伤。

（3）当井孔和管道的开挖施工必须爆破时，要求做好下述工作：爆破前应办理申请，详述爆破力、爆破范围及现场情况，经批准后方可实施；应有相应的炸药、雷管储藏地点，专人保管，专人负责；放炮工应有专业证书，并能制定相应的安全措施；设定安全的爆破范围，爆破时派专人守护，防止其他人员进入；爆破派专人检查，防止遗留隐患。

（4）拌和管道施工所用的混凝土时，应选择路肩较宽的场地进行，严禁将水泥和其他材料堆放在沥青路面上。运料斗车横过已铺沥青路面时，应铺设隔离铁板，防止水泥浆漏到沥青路面上。施工机械使用的各种油料不得堆放到沥青路面，确需停放在沥青路面的施工发电机等机械，底盘下方应设置防漏油铁盘，防止油漏污染及破坏路面。

（5）管道运输应绑扎牢固，不得超载、超高和人货混载。大型桥梁通信管道施工时，临边作业人员必须系安全带，隧道安全通信时，应设置照明装置，并在隧道出入口设置明显警示牌。

7.隔离栅施工过程的验证

（1）隔离栅立柱基础施工时，基础施工剩余土方，要及时清理平整，严禁将剩余泥土堆放在红线内或倒入排水沟。禁止在沥青路面上拌和立柱基础混凝土。隔离栅安装过程中，应用人工搬运，禁止从高处向低处抛掷，施工人员应穿戴防滑鞋，不准穿拖鞋施工，刺铁丝施工要戴布手套，用专用工具进行拉紧。

（2）桥梁隔离栅施工时，需临边施工的，施工人员必须系安全带，并绑扎牢固。桥涵下方有车辆通过时，应临时封闭交通，施工现场应划出危险作业区。

8. 临时用电的验证

（1）临时用电设备在5台及5台以上或设备总容量在50kW或以上的，应编制临时用电施工方案。安装、维修或拆除临时用电工程，必须由持有效技术合格证件的电工完成。

（2）各类用电人员必须掌握安全用电的基本知识和所用机械、电气设备的性能，并在使用设备过程中负责保护所用设备的负荷线、保护零线、漏电保护器、开关箱和有关防护设施等。

（3）人员离开时必须断开电源。各类用电人员所使用的设备停止工作时，必须将开关箱里的开关分闸、断电，并将开关箱锁好。施工现场所有人员不能乱拉乱接电线，以免出现安全事故。

（4）电气工程技术人员必须向安装、维修临时用电工程的电工和各种设备的用电人员分别贯彻、强调临时用电安全重点和文字资料，做好技术交底。电工做好维修工作记录，以免线路、设备带病运行。

### 5.3.2 安全计划改进的方法

安全生产计划改进主要从以下两方面来考虑：一是编制计划要切实、可行、完整、及时；二是贯彻计划要认真，执行有力。

编制安全生产计划主要依据施工计划和施工组织设计（或施工方案），在编制的过程中应参照详细的施工平面布置图，在熟悉运输道路、临时用电线路布置、各种管道、仓库、加工车间、主要机械设备位置及工地办公、生活设施等临时工程安排和施工计划的情况下，编制切实、可行、完整、及时的安全生产计划。

安全计划的贯彻需和施工过程结合在一起，并通过安全生产验收发现存在的问题和不足，及时修改和完善安全生产计划，使之能够有效地发挥作用。

## 复习思考题

1. 安全检查的要求和安全检查的内容是什么？
2. 试述安全计划实施情况验收的程序。
3. 试述安全计划改进的方法。

# 第6章 公路工程安全风险及环境管理

**本章概要**

掌握工程风险的概念、工程风险的确定和评价方法、工程风险的管理方法和环境管理方法；熟悉工程安全风险的类别和环境风险的分类；了解环境风险因素的控制方法。

## 6.1 工程安全风险管理

### 6.1.1 概述

1.风险与工程风险

（1）风险与相关概念

①风险。现行国家标准《职业健康安全管理体系规范》（GB/T 28001—2001）将风险（Risk）定义为：某一特定危险情况发生的可能性和后果的组合。《建设工程项目管理规范》（GB/T 50326—2001）对项目风险（Construction Project Risk）的定义为：通过调查、分析、论证，预测风险发生的概率、后果，项目风险是很可能使项目发生损失的未来不确定性因素。国内学术界将风险定义为：风险就是与出现损失有关的不确定性，也就是在给定的情况下和特定时间内，可能发生的结果之间的差异（或实际结果与预期结果之间的差异）。风险要具备的条件：一是存在性，即风险因素的存在性；二是风险因素发生的不确定性；三是风险产生损失后果。

②风险因素。风险因素是指能产生或增加损失概率和损失程度的条件或因素。风险因素是风险事件发生的潜在原因，是造成损失的内在原因或间接原因。通常情况下，风险因素分为以下三种：自然风险因素；道德风险因素；心理风险因素。

③风险事件。风险事件是指造成损失的偶发事件，是造成损失的外在原因或直接原因。风险事件的发生是一种或几种风险因素相互作用导致的。

（2）建设工程风险事件

建设工程风险事件，是指任何影响建设工程建设目标实现的可能发生的事件。

（3）损失

损失，是指非故意的、非计划的和非预期的经济价值的减少，通常以货币单位来衡量。损失一般可分为直接损失和间接损失两种。

2. 风险的分类

风险可根据风险类型、风险产生的原因、风险的影响、风险后果等进行分类。

（1）按风险类型分

按风险类型可将风险分为纯风险和投机风险。纯风险是指只会造成损失而不会带来收益的风险；投机风险是指既可能造成损失也可能创造额外收益的风险。纯风险和投机风险两者往往同时存在。

（2）按风险产生的原因分

按风险产生的不同原因可将风险分为政治风险、社会风险、经济风险、自然风险、技术风险等。其中，政治风险、社会风险、经济风险、自然风险可归结为非技术风险。技术风险包括立项、规划、设计、施工等方面的缺陷、错误、工艺落后、施工安全措施不当等。

（3）按风险影响分

按风险影响可将风险分为环境风险、公司风险、市场风险、行业风险、项目及个体风险等。环境风险可以分为两大部分：一部分是自然环境风险，另一部分是政治、社会以及经济风险。自然环境包括天气状况以及滑坡、洪水、飓风和地震等自然现象，自然环境可能会对建设过程产生显著的影响。政治、社会和经济环境是可部分控制的。

（4）按风险后果分

按风险后果可将风险分为可预测性风险、严重性风险、发生频率风险等。

### 6.1.2　工程安全风险的确定及评价

1. 风险的确定

（1）公司风险

公司风险是指会对公司造成影响的事件。所有企业都是在市场中运作，公司风险和项目风险之间存在着内在联系，因为企业必须最终承担风险性项目所产生的后果。

（2）行业风险与项目风险

行业风险是指那些会对全行业造成影响的事件。项目风险是指那些会对项目造成影响的事件。项目风险和公司风险之间存在着内在联系。如果施工承包单位的一个主要项目亏损，其后果必将影响该公司的财务状况。

（3）个体风险

个体风险是指那些会对个体造成影响的事件。一个项目在某一层次可能包括诸多个子项目和工作。实际操作人员对其每天遇到的困难有最直观的体会和了解。因此，许多风险从作业层或企业底层的角度，是容易被发现的。但是，实际操作人员一般只关心自己的项目，很少能将其面临的不确定性与其他项目的类似情况联系起来。

2. 建设工程风险及其特点

（1）风险大

建设工程风险因素和风险事件发生的概率均较大，造成风险的不确定因素多，其中有些风险因素和风险事件的发生概率很大。这些风险因素和风险事件一旦发生，往往造成比较严重的损失后果。

（2）个别性

不同类型的建设工程其风险是不同的。同一项建设工程如果建造地点、施工内容不同，其风险也是不同的，即使是同一建造地点的同一项建设工程，如果由不同的施工承包单位进行施工，其风险也是不同的。因此，建设工程风险具有个别性。

（3）复杂性

建设工程所涉及的风险因素和风险事件均很多，而且关系复杂，相互影响，决定了建设工程风险的复杂性，也增加了建设工程风险识别的复杂性。

（4）工程建设参与各方主体均有风险

参与工程建设的各方主体均承担风险，但各方的风险类别、大小不尽相同。工程建设各方主体所遇到的风险事件有较大的差异，即使是同一风险事件，对工程建设参与各方的后果有时也是迥然不同的。

3. 安全风险评价

安全风险评价是评估危险源所带来的风险大小以及确定风险是否可容许的全过程。危险源安全风险评价的目的是对建设工程施工全过程的全部安全风险进行评价分级，根据评价分级结果有针对性地进行风险控制，实现预期的建设工程的各项目标。评价的前提是现有的和计划准备采取的技术及管理措施得到实施，在这种状况下再评价其安全风险的大小。

（1）危险源的安全风险评价

评价方法。评价应围绕可能性和后果两个方面综合进行。安全风险评价的方法很多，如专家评估法、作业条件危险性评价法、安全检查表法、预先危险分析法等，每一种方法都有其一定局限性。一般通过定量和定性相结合的方法进行危险源的评价，让每个员工充分参与，从中筛选出应优先控制的重大危险源，具体讲主要采取专家评估法直接判断，必要时可采用定量风险评价法、作业条件危险性评价法、安全检查表法判断。

①专家评估方法。组织有丰富知识特别是有系统安全工程知识的专家、熟悉本

工程项目施工生产工艺的技术和管理人员组成评价组，通过专家的经验和判断能力，从管理、人员、工艺、设备、设施、环境等方面已识别出的危险源中，评价出对本工程施工安全有重大影响的重大危险源。

②定量风险评价方法。定量风险评价方法是指安全风险大小（$R$）取决于各种风险发生的概率（$P$）与发生后的潜在损失（$q$），即 $R=f(p, q)$。安全风险大小（$R$）为各种风险发生的概率（$P$）与发生后的潜在损失（$q$）的乘积，即

$$R=\sum p_i \times q_i \tag{6-1}$$

其中，$i=1, 2, 3, \cdots, n$ 表示风险事件的数量。根据估算结果，可按表 6-1 对风险的大小进行分级。

**风险分级表** 表 6-1

| 风险级别 (q) (p) | 轻微损失 | 中度损失 | 重大损失 |
|---|---|---|---|
| 很大 | C | B | A |
| 中等 | D | C | B |
| 极小 | E | D | C |

注：A——不容许风险；B——重大风险；C——中度风险；D——容许风险 ；E——可忽略风险。

③作业条件危险性评价法（LEC 法）。危险性分值（$D$）取决于以下三个因素的乘积

$$D=L \times E \times C \tag{6-2}$$

式中：$L$——发生事故的可能性大小；

$E$——人体暴露于危险环境的频繁程度；

$C$——发生事故可能造成的后果。

$L$ 值用概率表示时，绝对不可能发生的事故概率为 0，但从系统安全角度考虑，绝对不发生事故是不可能的，所以，人为地将发生事故可能性极小的分数定为 0.1，最大定为 10，在 0.1～10 之间定出若干个中间值，见表 6-2。$E$、$C$、$D$ 的取值分别见表 6-3、表 6-4 和表 6-5。

**$L$ 取值表** 表 6-2

| 分数值 | 事故发生的可能性 | 分数值 | 事故发生的可能性 |
|---|---|---|---|
| 10 | 完全可能发生 | 0.5 | 发生的可能性很小 |
| 6 | 相当可能发生 | 0.2 | 发生的可能性极小 |
| 3 | 有可能发生 | 0.1 | 不可能发生 |
| 1 | 发生的可能性小 | | |

**E 取 值 表** 表 6-3

| 分数值 | 暴露于危险环境的频繁程度 | 分数值 | 暴露于危险环境的频繁程度 |
|---|---|---|---|
| 10 | 连续暴露 | 2 | 每月一次暴露 |
| 6 | 每天工作时间内暴露 | 2 | 每年几次暴露 |
| 3 | 每周一次或偶然暴露 | 0.5 | 罕见地暴露 |

**C 取 值 表** 表 6-4

| 分数值 | 发生事故产生的后果 | 分数值 | 发生事故产生的后果 |
|---|---|---|---|
| 100 | 大灾难，许多人死亡 | 7 | 严重，重伤 |
| 40 | 灾难，数人死亡 | 3 | 重大，致残 |
| 15 | 严重，一人死亡 | 1 | 需要救护 |

**D 取 值 表** 表 6-5

| 分数值 | 危 险 程 度 | 分数值 | 危 险 程 度 |
|---|---|---|---|
| ＞320 | 极其危险，不容许继续作业 | 20～70 | 一般危险，应予注意 |
| 160～320 | 高度危险，必须立即整改 | ＜20 | 稍有危险，可以容忍 |
| 70～160 | 显著危险，需要整改 | | |

危险等级的划分是凭经验判断的，并不是长期固定的，在不同时期，应根据实际情况予以修正，以符合持续改进的思想。

④安全检查表法。把过程加以展开，列出各层次的不安全因素，然后确定检查项目，以提问的方式把检查项目按过程的组成顺序编制成表，按检查项目进行检查或评审。

（2）重大危险源的判定依据

①严重不符合法律法规、标准规范和其他要求。

②相关方有合理抱怨和要求。

③曾发生过事故，且没有采取有效防范控制措施。

④直接观察到可能导致危险的错误，且无适当控制措施。

⑤通过作业条件危险性评价方法，总分大于 160 分是高度危险的。

重大危险源具体评价时应结合工程过程和服务的主要内容进行，并考虑日常工作中的重点。

安全风险评价结果应形成评价记录，一般可与危险源识别结果合并列表记录。对确定的重大危险源还应另列清单，并按优先考虑的顺序排列。

### 6.1.3 安全风险管理

#### 1. 选择控制措施时应考虑的因素

选择控制措施时应考虑的因素包括：

（1）如果可能，完全消除危险源或风险。

（2）如果不可能消除，应努力降低风险。

（3）利用科技进步，改善控制措施。

（4）引入保护工作人员的措施。

（5）将技术管理与程序控制结合起来。

（6）引入安全防护措施。

（7）使用个人防护用品。

（8）考虑应急方案。

（9）引入预防性监测控制措施等。

2.按危险源的风险量评价分级选择控制措施

根据不同危险源的风险大小，选择适宜的控制措施。

（1）对未列为重大危险源的安全风险，一般可按现有的运行控制措施，加强管理。

（2）对重大危险源，应具体制定相应的技术和管理控制措施，改善措施计划。

①制定目标和专项技术及管理方案。

②制定管理程序、规章制度与安全操作规程。

③组织针对性的培训与教育。

④改进原有控制措施。

⑤制定应急预案。

⑥加强监督检查和跟踪监测。

通常一个重大危险源的控制措施可以是上述措施的全部或部分的组合。

3.控制措施计划及评审

（1）控制措施计划是否符合法律法规和标准规范。

（2）是否会产生新的危险源。

（3）是否已选定了投资效果最佳的解决方案，资金是否能够保证。

（4）受影响的相关方如何评价计划预防措施的必要性和可行性。

（5）计划的控制措施是否会被应用于实际工作中，可操作性如何。

## 6.2 工程安全环境管理

### 6.2.1 概述

1.建设工程环境管理的重要意义

建设工程环境管理的目的是控制和减少施工现场环境因素的有害影响，持续改进安全业绩，实现环境保护。环境因素，现行国家标准《环境管理体系规范及使用指南》（GB 24001—1996）将其定义为：一个组织的活动、产品或服务中能与环境发生相互作用的要素。施工现场的环境因素就是指在施工现场生产及管理活动中能与环境发生相互作用的要素。

2. 环境管理的过程

对有害环境因素的管理通常由环境因素识别、环境影响评价、环境影响对策决策、实施决策、检查改进等五个基本环节构成。同时，在建设工程项目施工过程中应根据法律法规与标准规范、施工方案、施工工艺、相关方要求与投诉的变化等内部、外部情况的变化，确定是否需要提出不同的控制措施，同时，需要检查是否有被遗漏的施工现场有害环境因素或者发现新的有害环境因素，当发现新的有害环境因素时，就要进行新的有害环境因素识别，即开始新一轮的环境因素管理过程。每经过一个循环过程，就需要制定新的环境目标和新的实施方案，使原有的环境影响控制措施计划不断完善，持续改进，达到一个新的运行状态。此外，项目管理人员应定期或不定期地及时对环境影响控制措施计划进行评审，必要时进行更新，不断地改进、补充和完善。因此，建设工程施工现场的环境管理是一个不断动态循环、持续改进的过程。

3. 环境因素管理的基本步骤和程序

环境因素管理的基本步骤主要包括：环境因素识别、评价、控制措施计划、实施控制措施计划、检查，如图 6-1 所示。其内容主要是：

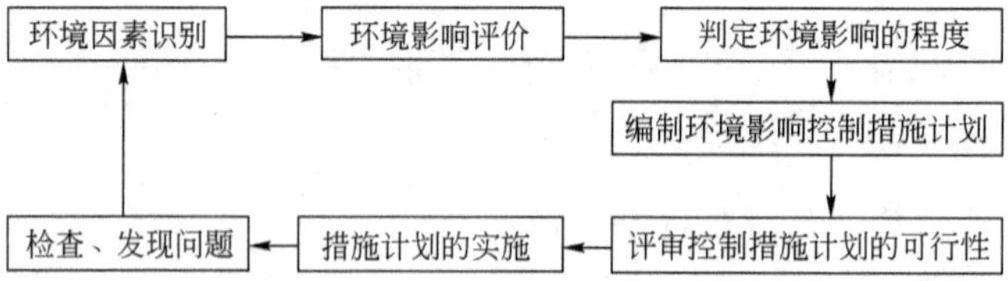


图 6-1 环境因素管理的程序

（1）环境因素识别。识别与各类施工现场作业和管理业务活动有关的所有环境因素，考虑谁会受到影响，以及如何受到影响。为此，项目管理人员首先应对施工现场作业和管理业务活动进行分类，编制一份施工现场业务和管理活动表。

（2）环境影响的评价。在假定的计划（方案）或现有的控制措施适当的情况下，对与各项环境因素有关的有害环境影响作出主观评价。项目管理人员应考虑控制的有效性，以及控制失败所造成的后果。

（3）判定环境影响的程度。判定假定的计划（方案）或现有的控制措施是否足以把有害环境因素控制住，并符合法律法规、标准规范和其他要求以及施工单位自身能力要求，据此对环境因素按环境影响的大小进行分类，确定重大环境因素。

（4）编制环境影响控制措施计划（方案）。针对评价中发现的重大环境因素，管理人员应编制控制措施计划（包括应急预案），以处理需要重视的任何问题，并确保新的和现行的控制措施仍然适当和有效。

（5）评审控制措施计划（方案）。针对已修正的控制措施计划（方案），重新评价环境影响，并检查其是否能足以把环境因素控制住，并符合法律法规、标准规范和其他要求以及施工单位自身能力要求。

（6）实施控制措施计划。将已经评审的控制措施计划具体落实到建设工程施工生产过程中。

（7）检查。建设工程实施过程中，一方面要对各项环境因素控制措施计划（方案）的执行情况不断地进行检查，并评价各项环境因素控制措施的执行效果。另一方面，当工程的内外条件发生变化时，要确定是否需要提出不同的环境影响处理方案。此外，还需要检查是否有被遗漏的建设工程环境因素或者发现新的建设工程环境因素，当发现新的环境因素，就要进行新的环境因素识别，即开始新一轮的建设工程环境因素管理过程。

#### 4.施工现场业务活动的分类

施工现场业务活动的分类是为了便于对环境因素的识别和评价，因此，分类应使环境因素易于控制和有利于必要信息的收集。

（1）施工现场业务活动的分类方法。具体见前面介绍。

（2）设计环境因素识别、评价和控制策划的表格。为了全面地、有针对性地进行施工现场的环境因素识别、评价和控制，项目管理人员应设计一种简单环境因素识别、风险评价和控制策划表格，一般包括如下内容：

①施工业务（作业与管理）分类。

②环境因素。

③现场控制措施。

④环境影响评价的内容或数据。

⑤环境影响水平与分类。

⑥根据评价结果而需采取的措施或行动。

⑦其他管理要求，如评价人、日期等。

### 6.2.2 环境因素的分类

#### 1.按环境因素的污染物分类

施工现场产生的污染物是对环境造成污染的根源，主要有以下几类：

（1）噪声。包括施工机械、运输设备、电动工具、模板与脚手架等周转材料的装卸、安装、拆除、清理和修复等造成的噪声。

（2）粉尘。包括场地平整作业、土堆、砂堆、石灰、现场路面、水泥搬运、混凝土搅拌、木工房锯末、现场清扫、车辆进出等引起的粉尘。

（3）废水。包括施工过程搅拌站、洗车处等产生的生产废水，生活区域的食堂、厕所等产生的生活废水。

（4）废气。包括油漆、油库、化学材料泄漏或挥发等引起的有毒有害气体排放。

（5）固体废弃物。包括建筑渣土、建筑垃圾、生活垃圾、废包装物、含油抹布等的处置与排放。

（6）振动。包括打桩、爆破等施工对周边建筑物、构筑物、道路桥梁等市政公用设施的影响。

（7）光。包括施工现场夜间照明灯光产生的光污染。

2.按环境因素影响的对象分类

施工现场环境因素影响的对象，通常分为如下几类：

（1）向大气排放，包括粉尘、有毒有害气体排放。

（2）向水体排放，包括生产废水、生活废水排放。

（3）废弃物管理，包括建筑渣土、建筑垃圾、生活垃圾、废包装物、含油抹布等废弃物的处置管理。

（4）土地污染，包括油品、化学品的泄漏。

（5）原材料与自然资源的使用。

（6）当地环境和社区性问题，包括噪声、振动、光污染等。

### 6.2.3 环境因素的识别与评价

1.环境因素识别的方法

环境因素识别的方法包括：产品生命周期分析、物料测算、问卷调查、现场调查、专家咨询、水平对比、纵向对比、查阅文件和记录、测量等。

2.环境因素识别应注意事项

（1）应充分了解环境因素的分布：在范围上，应包括施工现场内受到影响的全部人员、全部活动与所有场所，以及受到影响的毗邻社区等，也包括相关方（分包单位、供应单位、建设单位、监理单位等）的人员、活动与场所；在内容上，应包括涉及所有可能的影响；从状态上，应考虑三种状态：正常状态、异常状态、紧急状态。从时态上，应考虑到三种时态：过去、现在、将来。

（2）弄清环境因素影响的方式或途径。

（3）确认环境因素影响的范围。

（4）要特别注意重大环境因素，防止遗漏。

（5）对环境因素保持高度警觉，持续进行动态识别。

（6）充分发挥全体员工对环境因素识别的作用，广泛听取每一个员工的意见和建议，必要时还可征求设计单位、工程监理单位、专家和政府主管部门等的意见。

3. 环境因素的评价

环境因素的环境影响评价的目的是对建设工程施工全过程的全部有害环境影响进行评价分级，根据评价分级结果有针对性地进行环境影响控制，从而取得良好的安全业绩，达到持续改进的目的。评价的前提是现有的和计划准备采取的技术及管理措施得到实施。

（1）环境因素的环境影响评价方法

环境影响评价的方法很多，如产品生命周期分析、物料测算、问卷调查、现场调查、专家评估法、水平对比法、纵向对比法等。项目管理人员一般通过定量和定性相结合的方法进行环境影响的评价，从中筛选出优先控制的重大环境因素，具体讲主要采取专家评估法直接判断，必要时可采用打分法分析判断。

①专家评价法。组织熟悉本工程项目生产经营活动、工程产品和服务过程的专业技术及环境保护方面的专家，利用他们的知识和经验进行分析和评价。必要时可寻求企业、社会的帮助。

②打分法。对污染物（粉尘、废气、废弃物、废水等）、噪声、振动从法规符合性（a）、发生频率（b）、影响规模与范围（c）、影响程度（d）、社区关注度（e）等 5 个方面按表 6-6 规定进行打分。

**标准分值表** 表 6-6

| 评价分类 | 项目代码 | 评价标准 | 标准分值 |
|---|---|---|---|
| 法规符合性 | a | 超标 | 5 |
| | | 接近超标 | 3 |
| | | 未超标准 | 1 |
| 发生频率 | b | 持续发生 | 5 |
| | | 间歇发生 | 3 |
| | | 偶然发生 | 1 |
| 影响规模及范围 | c | 超出社区 | 5 |
| | | 周围社区 | 3 |
| | | 场界内 | 1 |
| 影响程度 | d | 严重 | 5 |
| | | 一般 | 3 |
| | | 轻微 | 1 |
| 社区关注度 | e | 严重 | 5 |
| | | 一般 | 3 |
| | | 轻微 | 1 |

（2）环境因素的判定依据

①环境影响的规模和范围。

②环境影响的严重程度。

③发生的频率和持续时间。

④环境保护法律法规遵循情况。

⑤社区、相关方的关注程度和抱怨程度。

如用打分法进行评价，当 $a=5$ 或 $c=5$ 或 $d=5$ 或 $e=5$ 或总分 $=a+b+c+d+e\geqslant14$ 时，确定为重大环境因素。评价重大环境因素时，应结合工程、过程和服务活动的主要内容进行，并考虑日常工作中的重点。

环境因素影响评价结果应形成的评价记录，一般可与环境因素识别结果合并列表记录。对确定的重大环境因素还应另外建立清单，并按优先考虑的顺序排列。

### 6.2.4 环境影响的控制

#### 1. 选择控制措施时应考虑的因素

选择控制措施时与“安全风险管理”的考虑因素一致。

#### 2. 按环境因素的评价分级确定控制措施

（1）对未列为重大环境因素的环境影响，一般可按现有的运行控制措施，加强管理。

（2）对重大环境因素，应具体制定相应的技术和管理控制措施、改善计划及相应的资金计划。一般可考虑的控制措施有：制定目标、指标和专项技术及管理方案；制定管理程序、规章制度与安全操作规程；组织针对性的培训与教育；改进现有控制措施；制定应急预案；加强现场监督检查和监测。通常一个重大环境因素的控制措施可以是上述措施的全部或部分的组合。

#### 3. 控制措施策划

控制措施策划应广泛听取员工和有关方面的意见，必要时寻求设计单位、工程监理单位、专家和政府部门等帮助，不断优化。策划的结果应形成记录，一般可与环境因素识别、评价结果合并列表记录。对重大环境因素控制策划的具体措施计划可与重大环境因素清单合并，通常可列表反映。

#### 4. 控制措施计划评审

控制措施计划在实施前应进行充分性评审，其评审内容如下：

（1）计划的控制措施是否能使环境影响降低到可接受或可容许的水平，即对法律、法规、标准、规范与其他要求以及相关方的要求和本工程项目的安全目标，是合理可行的最低水平。

（2）是否会产生新的环境因素。

（3）是否已选定了投资效果最佳的解决方案，资金是否能够保证。

（4）受影响的相关方如何评价计划预防措施的必要性和可行性。

（5）计划的控制措施是否会被应用于实际工作中，可操作性如何。

5.施工现场主要环境污染防治措施

（1）施工现场噪声及其防治

①噪声源及其危害

施工现场施工过程中及构件加工过程中，存在着多种无规律的音调和使人听之生厌的噪声。施工现场建筑噪声源较多而繁乱，归纳为以下四种。

机械性噪声，即由机械的撞击、摩擦、敲打、转动等而发生的噪声。如风钻、风铲、混凝土搅拌机、混凝土振动器、离心制管机、木材加工的带锯、圆锯、平刨、金属加工的车床、钢模板及钢窗校平等发生的噪声。

空气动力性噪声，如通风机、鼓风机、空气压缩机、铆枪、空气锤打桩机、电锤打桩机等发出的噪声。

电磁性噪声，如发电机、变压器等发出的噪声。

爆炸性噪声，如放炮作业过程中发出的噪声。

噪声危害是非常广泛的环境污染问题，噪声环境会干扰人的睡眠与工作，影响人的心理状态与情绪，造成人的听力损失，甚至引起许多疾病。此外，噪声也干扰人们的对话。

②防止噪声污染的措施。

防止噪声污染的措施主要从声源、传播途径、接受者等方面进行，具体如下。

声源控制。从声源上降低噪声，这是防止噪声污染的最根本的措施。尽量采用低噪声设备和工艺代替高噪声设备与加工工艺，如低噪声振捣器、风机、电动空压机、电锯等。在声源处安装消声器消声，即在通风机、鼓风机、压缩机、燃气机、内燃机及各类排气装置等的进出风管的适当位置设置消声器。

传播途径的控制。在传播途径上控制噪声的方法主要包括：吸声，利用吸声材料或由吸声结构形成的共振结构（金属或木质薄板钻孔制成的空腔体）吸收声能，降低噪声；隔声，应用隔声结构，阻碍噪声向空间传播，将接收者与噪声声源分隔。隔声结构包括隔声室、隔声罩、隔声屏障、隔声墙等；消声，利用消声器阻止声音传播，利用允许气流通过的消声器降噪声是防治空气动力性噪声的主要装置；减振降噪，对来自振动引起的噪声，通过降低机械振动减小噪声，如用阻尼材料涂在振动源上，或改变振动源与其他刚性结构的连接方式等。

施工现场涉及到产生强噪声的成品、半成品加工、制作作业（如预制构件、木门窗制作等），应尽量放在工厂、车间完成，减少施工现场加工制作产生的噪声。

尽量选用低噪声或备有消声降噪设备的施工机械。施工现场的强噪声机械，如搅拌机、电锯、电刨、砂轮机等，要设置封闭的降噪棚，以减少强噪声的扩散。

接收者的防护。让处于噪声环境下的人员使用耳塞、耳罩等防护用品，减少人员在噪声环境中的暴露时间，以减轻噪声对人体的危害。

人为噪声的控制措施。施工现场要文明施工，建立健全控制人为噪声的管理制度。尽量减少人为的大声喧哗，增强全体施工人员防噪声扰民的自觉意识。

强噪声作业时间的控制。凡在居民稠密区进行强噪声作业的，严格控制作业时间，晚间作业不超过22时，早晨作业不早于6时，特殊情况需连续作业（或夜间作业）的，应尽量采取降噪措施，事先做好周围群众的工作，并报工地所在地的政府有关管理部门同意后方可夜间施工。

加强施工现场的噪声监测。加强施工现场环境噪声的长期监测，采取专人监测、专人管理的原则，根据测量结果填写建筑施工场地噪声测量记录表，凡超过《施工场界噪声限值》（GB 12523—90）标准的，要及时对施工现场噪声超标的有关因素进行调整，达到施工噪声不扰民的目的。

（2）施工现场废水及防治

废水处理的目的是把废水中所含的有害物质清理分离出来。废水处理方法包括：物理法，利用筛滤、沉淀、气浮等；化学法，利用化学反应来分离、分解污染物，或使其转化为无害物质；物理化学方法，如吸附法、反渗透法、电渗析法；生物法，利用微生物新陈代谢功能，将废水中成溶解和胶体状态的有机污染物降解，并转化为无害物质，使水得到净化。

施工现场废水控制主要是采取如下措施：

①搅拌机的废水排放控制。凡在施工场地进行搅拌作业的，必须在搅拌机前台及运输车清洗处设置沉淀池。排放的废水要排入沉淀池内，经二次沉淀后，方可排入市政污水管线或回收用于洒水降尘。未经处理的泥浆水，严禁直接排入城市排水设施和河流。

②现制水磨石作业污水的排放控制。施工现场现制水磨石作业产生的污水，禁止随地排放。作业时严格控制污水流向，在合理位置设置沉淀池，经沉淀后方可排入市政污水管线。

③食堂污水的排放控制。施工现场临时食堂要设置简易有效的隔油池，产生的污水经下水管道排放要经过隔油池。平时加强管理，定期掏油，防止污染。

④油漆油料库、化学用品、多加剂等的防渗漏控制。施工现场要设置专用的油漆油料库及化学用品储存库等，严禁库内放置其他物资，库房地面和墙面要做防渗漏的特殊处理，储存、使用和保管要专人负责，防止油料、化学用品、外加剂等的跑、冒、滴、漏，杜绝污染水体。

⑤禁止将有毒有害废弃物用作土方回填，以免污染地下水和环境。

⑥工地临时厕所、化粪池应采取防渗漏措施。城市市区施工现场的临时厕所可采用水冲式厕所，并有防蝇、灭蛆措施，防止污染水体和环境。

（3）施工现场大气污染及防治措施

①大气污染物的分类

气体状态污染物。气体状态污染物具有运动速度较大、扩散较快、在周围大气中分布比较均匀的特点。气体状态污染物包括分子状态污染物和蒸汽状态污染物。分子状态污染物，指在常温常压下以气体分子形式分散于大气中的物质，如燃料燃烧过程中产生的二氧化硫、氮氧化物、一氧化碳等。蒸汽状态污染物，指在常温常压下易挥发的物质，以蒸汽状态进入大气，如机动车尾气、沥青烟中含有的碳氢化合物等。

粒子状态污染物。粒子状态污染物又称固体颗粒污染物，是分散于大气中的微小液滴和固体颗粒，是一个复杂的非均匀体。通常根据粒子状态污染物在重力作用下的沉降特性又可分为降尘和飘尘。降尘，指在重力作用下能很快下降的固体颗粒，其粒径较大；飘尘，指可长期飘浮于大气中的固体颗粒，其粒径较小。飘尘具有胶体的性质，故又称为空气飘落胶，它易随呼吸进入人体肺脏，危害人体健康，故称为可吸入颗粒。施工现场的粒子状态污染物主要有锅炉、熔化炉、厨房烧煤产生的烟尘，还有建材破碎、筛分、碾磨、加料过程、装卸运输过程产生的粉尘等。

②施工现场大气污染的防治措施

除尘技术。在气体中除去或收集固态或液态粒子的设备称为除尘装置。除尘装置的主要种类有机械除尘装置、洗涤式除尘装置、过滤除尘装置和电除尘装置等。建设工地的烧煤茶炉、锅炉、炉灶等应选用装有上述除尘装置的设备。施工现场其他粉尘可用遮盖、淋水等措施防治。

气态污染物治理技术。气态污染物治理技术包括：吸收法，选用合适的吸收剂，可吸收空气中的二氧化硫、氮氧化物等；吸附法，让气体混合物与吸附性固体接触，把混合物中的某个组成成分吸留在固体表面；催化法，利用催化剂把气体中有害物质转化为无害物质；燃烧法，通过氧化作用，将废气中的可燃有害部分，转化为无害物质的方法；冷凝法，使处于气态的污染物冷凝，从气体中分离出来的方法，该法特别适合处理高浓度的有机废气，如对沥青气体的冷凝，回收油品；生物法，利用微生物的代谢活动过程把废气中的气态污染物转化为少害甚至无害的物质，该法适用于低浓度污染物。

③施工现场防扬尘措施

施工现场应对施工区域实行封闭或隔离，建筑主体、装饰装修施工时应从建筑物底层外围开始搭设防尘密目网，并且封闭高度应高于施工作业面 1.2m 以上，同时采取有效防尘措施。

高层或多层建筑清理施工垃圾，应使用封闭的专用垃圾道或采用容器吊运，严禁随意凌空抛撒造成扬尘。施工垃圾要及时清运，清运时，适量洒水减少扬尘。拆除施工时，应采取封闭或隔离施工，封闭材料应选用防尘密目网，并配合洒水，减少扬尘污染。施工现场要在施工前做好施工道路的规划和布置，可利用设计中永久性的道路，如采用临时施工道路，基层要夯实，路面应铺垫焦渣、细石，并随时洒水，减少道路扬尘。

散装水泥和其他易飞扬的细颗粒散体材料应尽量安排在库内存放，如露天存放应用严密遮盖，运输和卸运时要防止遗撒、飞扬，以减少扬尘。

生石灰熟化时和在灰土上施工时要适当配合洒水，杜绝扬尘。

在规划市区、居民稠密区，风景游览区、疗养区及国家规定的文物保护区内施工，施工现场要制定洒水降尘制度，配备专用洒水设备及指定专人负责，在易产生扬尘的季节，施工场地采取洒水降尘。

在城区内施工，应使用商品混凝土，减少搅拌扬尘。

在城区外施工，搅拌站要搭设封闭的搅拌棚，搅拌机上设置喷淋装置（搅拌机雾化器）方可进行施工。

施工运输车辆、挖掘土方设备行驶出工地前必须作除泥除尘处理，严禁将泥土、尘土带出施工现场。

运输砂、石、水泥、土方、垃圾等易产生扬尘污染的车辆，必须封闭，严禁撒漏。

施工现场进行土方开挖时，堆积土要相对集中，存弃土时间超过一个月的，必须采取覆盖、固化或绿化等措施。对短时存放的，要采取洒水降尘等措施，并设专人负责。遇有风力四级以上的天气，停止土方施工。

（4）施工现场固体废物的处理

①施工现场常见的固体废物及其危害

固体废物是生产和生活中产生的固态、半固态废弃物质。固体废物是一个极其复杂的废物体系。按照其化学组成可分为有机废物和无机废物；按照其对环境和人类健康的危害程度可以分为一般废物和危险废物。

施工现场常见的固体废物包括：建筑渣土，如砖瓦、碎石、渣土、混凝土碎块、废钢铁、碎玻璃、废碎屑、废弃装饰材料等；废弃的散装建筑材料，如散装水泥、石灰等；生活垃圾，如炊饮厨房废弃物、丢弃食品、废纸、生活用品、玻璃、陶瓷碎片、废电池、废旧日用品、废塑料制品、煤灰渣、废交通工具等；以及设备、材料等的废弃包装材料及粪便等。

固体废物对环境的危害主要表现是：侵占土地，由于固体废物的堆放，可直接破坏土地和植被；污染土壤，固体废物在堆放中，有害成分易污染土壤，并在土壤中发生积累，给作物生长带来危害，部分有害物质还能杀死土壤中的微生物，使土壤丧失腐化降解能力；污染水体，固体废物遇水浸泡、溶解后，其有害成分随地表径流或土壤渗流污染地下水和地表水，随风飘移进入水体造成污染；污染大气，以细颗粒状存在的废渣垃圾和建筑材料在堆放和运输过程中，会随风扩散，使大气中悬浮的灰尘废弃物提高，固体废物在焚烧等处理过程中，可能产生有害气体造成大气污染；影响环境卫生，固体废物的大量堆放，会招致蚊蝇孳生，臭味四溢，严重影响工地以及周围环境卫生，对员工和工地附近居民的健康造成危害等。

②施工现场固体废物处理和处置

施工现场固体废物处理的原则是采取资源化、减量化和无害化的处理，对固体废物产生的全过程进行控制，其主要处理方法如下：

回收利用。回收利用是对固体废物进行资源化、减量化的重要手段之一，如对建筑渣土可视其情况加以利用；对废弃钢材可按需要用作金属原材料；对废电池等废弃物应分类回收、集中处理等。

减量化处理。减量化是对已经产生的固体废物进行分选、破碎、压实浓缩、脱水等减少最终处置量，降低处理成本，减少对环境的污染。在减量化处理的过程中，包括与其他处理技术相关的工艺方法，如焚烧、热解、堆肥等。

焚烧技术。焚烧用于不适合再利用且不宜直接予以填埋处置的废物，尤其是对于受到病菌、病毒污染的物品，可以用焚烧技术进行无害化处理。焚烧处理应使用符合环境要求的处理装置，注意避免对大气的二次污染。

稳定和固化技术。利用水泥、沥青等胶结材料，将松散的废物包裹起来，减小废物的毒性和移动性，使得污染减小。

填埋是固体废物处理的最终技术，经过无害化、减量化处理的废物残渣集中到填埋场进行处置。填埋的时候应尽量使需要处置的废物与周围的生态环境隔离，并注意废物的稳定性和长期安全性。

## 复习思考题

1. 什么是风险与工程风险？
2. 什么是工程风险管理？
3. 如何进行工程风险分析？
4. 试述安全风险管理的步骤和方法。
5. 试述环境因素管理的重要意义。

# 第7章 公路工程安全事故的处理

**本章概要**

掌握安全事故的预防措施和安全事故的调查处理依据和方法；熟悉工程安全事故的分类、特点和主要原因；熟悉工程安全事故的调查程序和工程安全事故调查处理报告编写的内容；了解工程安全事故常用的分析方法。

## 7.1 工程安全事故的特点及原因

### 7.1.1 工程安全事故的特点

安全事故是指人们在进行有目的的活动过程中，发生了违背人们意愿的不幸事件，使其有目的的行动暂时或永久地停止。建设工程安全事故指在建设工程施工现场发生的安全事故，一般会造成人身伤亡或伤害，且伤害要求包括急救在内的医疗救护，或造成财产、设备等损失。建设工程重大安全事故，系指在施工过程中由于责任过失造成工程倒塌或废弃，由于机械设备破坏和安全设施失当造成人身伤亡或重大经济损失的事故。《特别重大事故调查程序暂行规定》（国务院令第 34 号）将特别重大事故定义为：造成特别重大人身伤亡或者巨大经济损失以及性质特别严重、产生重大影响的事故。特别重大事故，也称为特大事故。

1. 建设工程安全事故的特点

（1）严重性

建设工程发生安全事故，其影响往往较大，会直接导致人员伤亡或财产的损失，给广大人民生命和财产带来巨大损失，重大安全事故往往会导致群死群伤或巨大财产损失。近年来，建筑安全事故死亡人数和事故起数仅次于交通业、矿山业，成为人民关注的热点问题之一。因此，对建设工程安全事故隐患决不能掉以轻心，一旦发生安全事故，其造成的损失将无法挽回。

（2）复杂性

建设工程施工生产的特点，决定了影响建设工程安全生产的因素很多，造成工程安全事故的原因错综复杂，即使是同一类安全事故，其发生原因可能多种多样。这样，对安全事故进行分析时，就增加了判断其性质、原因（直接原因、间接原因、主要原因）等的复杂性。

（3）可变性

许多建设工程施工中出现的安全事故隐患并非是静止的，而是有可能随着时间而不断地发展、恶化的，若不及时整改和处理，往往可能发展成为严重或重大安全事故。因此，在分析与处理工程安全事故隐患时，要重视安全事故隐患的可变性，应及时采取有效措施，进行纠正、消除，杜绝其发展恶化为安全事故。

（4）多发性

建设工程中的安全事故，往往在建设工程某部位或工序或作业活动中发生，例如物体打击事故、触电事故、高处坠落事故、坍塌事故、起重机械事故、中毒事故等。因此，对多发性安全事故，应注意吸取教训，总结经验，采用有效预防措施，加强事前预控、事中控制和事后总结。

### 2.建设工程“五大伤害”安全事故

建设工程施工现场易发生的伤亡事故，主要是“五大伤害”，即高处坠落、触电、物体打击、机械伤害、坍塌事故等。

（1）高处坠落

高处坠落是指在高处作业中发生坠落造成的伤亡事故。高处作业是指在坠落高度基准面2m以上（含2m）处进行的有可能使作业人员坠落的作业。

高处坠落的主要类型如下：

①被踩踏材料材质强度不够，突然断裂。

②高处作业移动位置时，踏空、失稳。

③高处作业时，由于站位不稳或操作失误被物体碰撞坠落等。

（2）触电事故

人体是导体，当人体接触到具有不同电位的两点时，由于电位差的作用，就会在人体内形成电流，这种现象就是触电，因触电而发生的人身伤亡事故，即触电事故。

触电事故的主要类型：单相触电、两相触电、跨步电压触电等。

（3）物体打击

物体打击是指施工过程中的砖石块、工具、材料、零部件等从高空落下时对人体造成的伤害，以及弹块、锤击、滚石等对人身造成的伤害，不包括因爆炸而引起的物体打击。

物体打击的主要类型如下：

①高空作业中，工具零件、砖瓦、木块等物从高处掉落伤人。

②人为乱扔废物、杂物伤人。

③起重吊装、拆装、拆模时，物料掉落伤人。

④设备带病运行，设备中物体飞出伤人。

⑤设备运转中，违章操作，铁棍飞弹伤人等。

(4) 机械伤害

机械伤害是指机械强大的功能作用于人体的伤害。

(5) 坍塌事故

坍塌事故是指物体在外力和重力的作用下，超过自身极限强度的破坏成因，导致结构稳定失衡塌落造成物体高处坠落、物体打击、挤压伤害及窒息的事故。

坍塌事故主要类型如下：

①土方工程坍塌。

②基坑支护坍塌。

③模板坍塌。

④脚手架坍塌。

⑤拆除工程坍塌。

⑥其他坍塌事故等。

### 3. 建设工程安全事故的分类

建设工程安全事故可按事故伤亡与损失程度、伤亡事故等级、伤亡事故类别进行分类。

(1) 按事故伤亡与损失程度

根据《工程建设重大事故报告和调查程序规定》(建设部令第 3 号)，按工程建设过程中事故伤亡和损失程度的不同，把重大事故分为四个等级：

①一级重大事故，死亡 30 人以上或直接经济损失 300 万元以上的。

②二级重大事故，死亡 10 人以上，29 人以下或直接经济损失 100 万元以上，不满 300 万元的。

③三级重大事故，死亡 3 人以上，9 人以下，重伤 20 人以上或直接经济损失 30 万元以上，不满 100 万元的。

④四级重大事故，死亡 2 人以下的；重伤 3 人以上、19 人以下或直接经济损失 10 万元以上，不满 30 万元的。

(2) 按伤亡事故等级

根据《企业职工伤亡事故报告和处理规定》(国务院令第 75 号)，按照事故的严重程度，伤亡事故分为轻伤、重伤、死亡、重大死亡事故、急性中毒事故。

①轻伤和轻伤事故

轻伤是指造成职工肢体伤残，或某些器官功能性或器质性轻度损伤，表现为劳动能力轻度或暂时丧失的伤害。轻伤者一般指受伤职工歇工在一个工作日以上、但够不上重伤者。轻伤事故是指一次事故中只发生轻伤的事故。

②重伤和重伤事故

重伤是指造成职工肢体残缺或视觉、听觉等器官受到严重损伤，一般能引起人体长期存在功能障碍，或劳动能力有重大损失的伤害。

凡有下列情形之一的均作为重伤处理：

a. 医师诊断成为残废或可能成为残废的。

b. 伤势严重，需要进行较大的手术才能挽救的。

c. 人体要害部位严重灼伤、烫伤或虽非要害部位，但灼伤、烫伤占全身面积1/3以上的。

d. 严重骨折（胸骨、肋骨、脊椎骨、锁骨、肩胛骨、腕骨、腿骨和脚骨等因受伤引起骨折），严重脑震荡等。

e. 眼部受伤较重、有失明可能的。

f. 手部伤害：大拇指轧断一节的；食指、中指、无名指、小指任何一只轧断两节或任何两只各轧断一节的；局部肌腱受伤严重，引起机能障碍，有不能自由伸曲的残废可能的。

g. 脚部伤害：脚趾轧断三只以上的；局部肌腱受伤严重，引起机能障碍，有不能自由伸曲的残废可能的。

h. 内部伤害：内脏损伤、内出血或伤及腹膜等。

i. 凡不在上述范围以内的伤害，经医院诊察后认为受伤较重，可根据实际情况参考上述各点，由企业行政部门会同基层工会作个别研究，提出初步意见，由当地劳动部门审查确定。

重伤事故是指一次事故中发生重伤、无死亡的事故。

③死亡事故

死亡事故指一次死亡1～2人的事故。

④重大死亡事故

重大死亡事故指一次死亡3人以上（含3人）的事故。

⑤特大死亡事故

特大死亡事故指一次死亡10人以上（含10人）的事故。

⑥急性中毒事故

急性中毒事故是指生产性毒物一次或短期内通过人的呼吸道、皮肤或消化道大量进入体内，使人体在短时间内发生病变，导致职工立即中断工作，必须进行急救或死亡的事故。急性中毒事故的特点是发病快，一般不超过一个工作日。

(3) 伤亡事故类别

依据《企业职工伤亡事故分类标准》(GB 6441—86)，按直接致使职工受到伤害的原因，即伤害方式可将伤亡事故分为以下几类：

①物体打击，指落物、滚石、锤击、碎裂崩块、碰伤等伤害，不包括因爆炸而引起的物体打击。

②车辆伤害，包括挤、压、撞、倾覆等。

③机械伤害，包括绞、碾、碰、割、戳等。

④起重伤害，指起重设备或操作过程中所引起的伤害。

⑤触电，包括雷击伤害。

⑥淹溺。

⑦灼烫。

⑧火灾。

⑨高处坠落，包括从架子、屋顶上坠落以及从平地坠入地坑等。

⑩坍塌，包括建筑物、堆置物、土石方倒塌等。

⑪冒顶片帮。

⑫透水。

⑬放炮。

⑭火药爆炸，指生产、运输、储藏过程中发生的爆炸。

⑮瓦斯爆炸，包括煤尘爆炸。

⑯锅炉爆炸。

⑰容器爆炸。

⑱其他爆炸，包括化学爆炸、炉膛、钢水包爆炸等。

⑲中毒和窒息，指煤气、油气、沥青、化学、一氧化碳中毒等。

⑳其他伤害，如扭伤、跌伤、野兽咬伤等。

### 7.1.2 安全事故的原因

安全隐患，通常定义为：未被事先识别或未采取必要防护措施的可能导致安全事故的危险源或不利环境因素。隐患就是指潜在的可对人身安全或健康构成伤害或可造成财产损失或兼具这两者的起源或情况。建设工程施工安全隐患是在安全检查及数据分析时发现的，应利用“安全隐患通知单”通知责任人制定纠正和预防措施，限期改正，安全员跟踪验证。

建设工程施工安全管理的重点之一是加强安全风险分析，及早制定对策和控制措施，强调对建设工程安全事故隐患的处理，加强安全事故的预防，避免安全事故的发生。

1.常见原因

建设工程施工生产具有产品固定、施工周期长、露天作业、体积庞大、施工流动性大、工人整体素质差、手工作业多、体能消耗大，以及产品多样、施工工艺多变、施工场地狭窄等特点，导致了施工安全生产作业环境的局限性、作业条件的恶劣性、作业的高空性、安全管理的难度性、个体劳动保护的艰巨性，以及安全管理与安全技术的立体交叉性等，决定了施工生产存在诸多的不安全因素，容易导致安全隐患、安全事故的发生。工程安全隐患、安全事故往往是多种原因引起的，尽管每次发生的安全隐患、安全事故的类型各不相同，但通过对大量安全隐患、安全事故的调查，并采用系统工程学的原理，利用数理统计方法，发现安全隐患、安全事故发生的原因主要是违章所致，其次是勘察、设计的不合理、缺陷，以及其他原因等。安全隐患、安全事故发生的基本原因主要有以下几方面：

（1）施工单位的违章作业、违章指挥和安全管理不到位

工程事故中有89%都不是因为技术解决不了造成的，而是违章所致，施工单位不制定安全技术措施、缺乏安全技术知识、不进行逐级安全技术交底、安全生产责任制不落实、违章指挥、违章作业、施工安全管理工作不到位，是导致建设工程施工安全隐患、安全事故的主要原因。

（2）设计不合理与缺陷

据欧共体统计分析，63%的安全事故（施工过程中的安全事故和使用过程中的安全事故）是因为前期工程项目设计策划和施工准备阶段就存在缺陷，因此，许多建设工程安全事故是设计原因造成的。设计原因主要包括：不按照法律、法规和工程建设强制性标准进行设计，导致设计不合理；未考虑施工安全操作和防护的需要，对涉及施工安全的重点部位和环节在设计文件中未注明，未对防范生产安全事故提出指导意见；对采用新结构、新材料、新工艺的建设工程和特殊结构的建设工程，未在设计中提出保障施工作业人员安全和预防生产安全事故的措施建议等。

（3）勘察文件有误

勘察单位未认真进行地质勘察或勘探时钻孔布置、深度等不符合规定要求，勘察文件或报告不详细、不准确、不能真实全面地反映实际的地下情况等，会导致基础、主体结构的设计错误，引发重大安全事故。

（4）使用不合格的安全材料、安全防护用具、机械设备、施工机具及配件等

许多建设工程已发生的安全隐患、安全事故，就是施工现场使用劣质、不合格的安全材料、安全防护用具、机械设备、施工机具及配件等造成的，因此，为了杜

绝和防止不合格的安全物资注入施工现场中，施工单位应采购、租赁具有生产（制造）许可证、产品合格证等的安全物资。

（5）安全生产资金投入不足

长期以来，建设单位、施工单位为了追求经济效益，置安全生产不顾，挤占安全生产费用，致使在工程投入中用于安全生产的资金过少，不能保证正常安全生产措施的需要，这也是导致安全事故不断发生的重要原因。

（6）安全事故的应急救援制度不健全

施工单位及其施工现场未制定生产安全事故应急救援预案，未落实应急救援人员、设备、器材等，发生生产安全事故后得不到及时救助和处理。

（7）违法违规行为

违法违规行为包括无证设计、无证施工、越级设计、越级施工、边设计边施工、违法分包转包、擅自修改设计等，将会引发大量的安全事故。

（8）其他因素

其他因素包括工程自然环境因素，如恶劣气候诱发安全事故；工程管理环境因素，如安全生产监督制度不健全，缺少日常的具体监督管理制度和措施；安全生产责任不够明确等。

2.施工安全隐患原因分析方法

由于影响建设工程安全隐患的因素众多，一个建设工程安全隐患的发生，可能是上述原因之一或多种原因所致，要分析确定是哪种原因所引起的，必然要对安全隐患的特征、表现，以及其在施工中所处的实际情况和条件进行具体分析。其分析的基本步骤如下：

（1）现场调查研究，记录全部观察情况，必要时拍照，充分了解与掌握安全隐患的现象和特征，以及施工现场的环境和条件等。

（2）收集、调查与安全隐患有关的全部设计资料、施工资料。

（3）指出可能产生安全隐患的所有因素。

（4）分析、比较和剖析最可能造成安全隐患的原因。

（5）进行必要的计算分析予以论证确认。

（6）必要时可征求设计单位、工程监理单位、专家等意见。

3.建设工程施工安全隐患的处理

建设工程施工生产过程中，由于种种主观、客观原因，可能出现施工安全隐患。当发现安全隐患，施工单位应按以下程序进行处理：

（1）当发现工程施工安全隐患时，安全生产管理人员首先应判断其严重程度，签发“安全隐患通知单”，要求施工人员进行整改，提出整改方案，报项目经理审批后，批复施工人员进行整改处理，必要时应经工程监理单位、设计单位认可，处理结果应重新进行检查、验收。

（2）当发现严重安全事故隐患时，项目经理签发工程暂停令，暂时停止施工，必要时应采取安全防护措施，并报监理工程师。

（3）施工单位应立即进行严重安全事故隐患的调查，分析原因，制定纠正和预防措施，制定安全事故隐患整改处理方案，并报监理工程师。

安全事故隐患整改处理方案内容包括：

①存在安全事故隐患的部位、性质、现状、发展变化、时间、地点等详细情况。

②现场调查的有关数据和资料。

③安全事故隐患原因分析与判断。

④安全事故隐患处理的方案。

⑤是否需要采取临时防护措施。

⑥确定安全事故隐患整改责任人、整改完成时间和整改验收人。

⑦涉及的有关人员和责任及预防该类安全事故隐患重复出现的措施等。

（4）项目负责人主持分析安全事故隐患整改处理方案

项目经理应组织项目经理部相关管理人员对处理方案进行认真深入地分析，特别是对安全事故隐患原因进行分析，找出安全事故隐患的真正起源点。必要时，项目经理可请工程监理单位、设计单位、分包单位、供应单位和建设单位各方共同参加分析。

（5）在原因分析的基础上，项目经理审核签认安全事故隐患整改处理方案，并报监理工程师。

（6）项目经理指令施工人员按既定的整改处理方案实施处理并安排安全生产管理人员进行跟踪检查。

（7）安全事故隐患处理完毕，施工单位应组织人员检查验收，写出安全隐患处理报告并存档，同时报监理工程师，安全隐患处理报告主要内容包括：

①基本整改处理过程概述。

②调查和核查情况。

③安全事故隐患原因分析结果。

④处理的依据。

⑤审核认可的安全隐患处理方案。

⑥实施处理中的有关原始数据、验收记录、资料。

⑦对处理结果的检查、验收结论。

⑧安全隐患处理结论等。

# 7.2 工程安全事故的调查与处理

## 7.2.1 安全事故的调查处理依据

进行建设工程安全事故处理的主要依据有四个方面：安全事故的实况资料；具有法律效力的建设工程合同，包括工程承包合同、设计委托合同、材料设备供应合同、分包合同以及监理合同等；有关的技术文件、档案；相关的建设工程法律法规、标准及规范。前三种是与特定的建设工程密切相关的具有特定性质的依据。第四种是法规性依据，是具有很高法律性、权威性、约束性、通用性和普遍性的依据，因而它在工程安全事故的处理事务中，也具有极其重要的作用。

1. 安全事故的实况资料

安全事故发生后，施工单位有责任就所发生的安全事故进行周密的调查、研究以掌握情况，并在此基础上写出调查报告，提交总监理工程师、建设单位和政府有关管理部门。在调查报告中应就与安全事故有关的实际情况做详尽的说明，其内容应包括：

（1）安全事故发生的时间、地点。

（2）安全事故状况的描述。

（3）安全事故发展变化的情况（其范围是否继续扩大，程度是否已经稳定等）。

（4）有关安全事故的观测记录、事故现场状态的照片或录像。

2. 有关的技术文件和档案

（1）与设计有关的技术文件。

施工图纸和技术说明等设计文件是建设工程施工的重要依据。在处理安全事故中，其作用一方面是可以对照设计文件，核查施工生产是否完全符合设计的规定和要求；另一方面是可以根据所发生的安全事故情况，核查设计中是否存在问题或缺陷，是否为导致安全事故的一个原因。

（2）与施工有关的技术文件与资料档案

属于这类的技术文件、资料档案有：

①施工组织设计（专项施工方案）、施工计划、工程施工安全计划。

②施工记录、施工日志等。根据它们可以查对发生安全事故的工程施工时的情况，如：施工时的气温、降雨、风等有关的自然条件；施工人员的情况；施工工艺与操作过程的情况；使用的材料情况；施工场地、工作面、交通等情况；地质及水

文地质情况等。借助这些资料可以追溯和探寻事故的可能原因。

③有关建筑材料、施工机具及设备等的质量证明资料。例如，材料批次、出厂日期、出厂合格证或检验报告、施工单位抽检或试验报告等。

④有关安全物资，如安全防护用具、材料、设备等的质量证明资料。

⑤其他有关资料。

上述各类技术资料对于分析安全事故原因，判断其发展变化趋势，推断事故影响及严重程度，考虑处理措施等都是不可缺少的，起着重要的作用。

### 3. 有关合同及合同文件

所涉及的合同文件可以是：工程承包合同；设计委托合同；设备、器材与材料供应合同；设备租赁合同；分包合同；监理合同等。

有关合同和合同文件在处理安全事故中的作用是：确定在施工过程中有关各方是否按照合同有关条款实施其活动，借以探寻产生事故的可能原因。

### 4. 相关的建设工程法律法规和标准规范

（1）建筑市场管理

1998 年 3 月 1 日施行的《建筑法》、1999 年 1 月 1 日施行的《中华人民共和国合同法》、2000 年 1 月 1 日施行的《中华人民共和国招标投标法》、2001 年国务院发布的《工程建设项目招标范围和规模标准的规定》、2002 年 11 月 1 日施行的《安全生产法》、2003 年国务院发布的《建设工程安全生产管理条例》、2004 年国务院发布的《安全生产许可证条例》、2004 年建设部发布的《建筑施工企业安全生产许可证管理规定》等法律法规及规章，就是为了维护建筑市场的正常秩序和良好环境，充分发挥竞争机制，保证建设工程施工安全和质量。

（2）施工现场管理

以《建筑法》为基础，建设部在 1989 年颁布了《工程建设重大事故报告和调查程序规定》，在 1991 年颁布了《建筑安全生产监督管理规定》和《建设工程施工现场管理规定》。特别是 2003 年 11 月国务院颁布的《建设工程安全生产管理条例》，以《建筑法》和《中华人民共和国安全生产法》为基础，全面系统地对与建设工程有关的安全责任和管理问题做了明确的规定，可操作性强。它不但对建设工程安全生产管理具有指导作用，而且是全面保证工程施工安全和处理工程施工安全事故的重要依据。2004 年 12 月建设部颁布了《建筑施工企业安全生产管理机构设置及专职安全生产管理人员配备办法》和《危险性较大工程安全专项施工方案编制及专家论证审查办法》，加强了施工现场安全生产管理机构和专职安全生产管理人员的管理，规范了专项施工方案编制及专家论证审查管理。

（3）建筑业资质、安全生产许可证和从业人员资格管理

建设部在2001年颁布了《建设工程勘察设计企业资质管理规定》、《建筑业企业资质管理规定》和《工程监理企业资质管理规定》等。这类部门规章涉及的主要内容是：勘察、设计、施工、监理等单位的等级划分；明确各级企业应具备的条件；确定各级企业所能承担的任务范围；以及其等级评定的申请、审查、批准、升降管理等方面。

2002年全国人大颁布的《安全生产法》、2003年国务院颁布的《建设工程安全生产管理条例》、2004年国务院颁布的《安全生产许可证条例》和2004年7月建设部颁布的《建筑施工企业安全生产许可证管理规定》等法律法规和规章，明确规定了建筑业企业必须取得安全生产许可证，方能从事建筑施工活动。

《建筑法》规定对注册建筑师、注册结构工程师和注册监理工程师等有关人员实行资格认证制度。《中华人民共和国注册建筑师条例》、《注册结构工程师执业资格制度暂行规定》、《监理工程师考试和注册试行办法》，以及有关注册建造师的规定等，明确了建筑活动的从业者应具有相应的执业资格；注册等级划分；考试和注册办法；执业范围；权利、义务及管理等。

2003年国务院颁布的《建设工程安全生产管理条例》、2004年建设部颁布的《建筑施工企业主要负责人、项目负责人和专职安全生产管理人员安全生产考核管理暂行规定》明确了建筑施工企业主要负责人、项目负责人和专职安全生产管理人员必须进行考核任职制，即企业主要负责人、项目负责人和专职安全生产管理人员应具备安全生产知识和安全生产管理能力，经考核合格方能任职。1999年《特种作业人员安全技术培训考核管理办法》开始实施，规定了施工单位特种作业人员的安全技术培训、考核、发证管理，及持证上岗等内容，《建设工程安全生产管理条例》进一步明确了对特种作业人员的管理规定。

（4）标准和规范

2000年建设部颁布了《工程建设标准强制性条文》和《实施工程建设强制性标准监督规定》，它们的实施为《建设工程安全生产管理条例》提供了技术法规支持，是参与建设活动各方执行工程建设强制性标准和政府实施监督的依据，同时也是保证建设工程施工安全的必要条件，是分析处理工程安全事故，判定责任方的重要依据。一切工程建设的勘察、设计、施工、安装、验收都应按现行标准进行，不符合现行强制性标准的勘察报告不得报出，不符合强制性条文规定的设计不得审批，不符合强制性标准的材料、半成品、设备不得进场，不符合强制性标准的工程施工安全和质量，必须整改、处理。

### 7.2.2 安全事故的调查处理程序

1. 政府管理部门对建设工程安全事故的处理程序

施工单位应熟悉各级政府建设行政主管部门处理建设工程安全事故的基本程序，在建设工程安全事故处理过程中履行自己的职责。重大安全事故由国务院按有关程序和规定处理，按《特别重大事故调查程序暂行规定》（国务院令第34号）、《企业职工伤亡事故报告和处理规定》（国务院令第75号）、《工程建设重大事故报告和调查程序规定》（建设部令第3号）的规定进行报告。国家建设行政主管部门归口管理全国工程建设重大安全事故；省、自治区、直辖市建设行政主管部门归口管理本行政辖区内的建设工程重大安全事故；市、县级建设行政主管部门归口管理一般建设工程安全事故。建设工程安全事故调查组由事故发生地的市、县以上建设行政主管部门或国务院有关主管部门等组织成立；特别重大安全事故调查组组成由国务院批准；一、二级重大事故由省、自治区、直辖市建设行政主管部门提出调查组组成意见，报请人民政府批准；三、四级重大安全事故由市、县级建设行政主管部门提出调查组组成意见，报请相应级别人民政府批准。事故发生单位属国务院部委的，由国务院有关主管部门或其授权部门会同当地建设行政主管部门提出调查组组成意见。重大安全事故，由省、自治区、直辖市建设行政主管部门组织调查组；一般安全事故，调查组由市、县级建设行政主管部门组织调查组。

2. 伤亡事故的调查

（1）组织调查组

在接到事故报告后，企业主管领导除立即赶赴现场组织抢救，还应迅速组织调查组开展事故调查。

①轻伤事故

由施工现场项目经理牵头，项目经理部生产、技术、安全、人事、保卫、工会等有关部门的成员组成事故调查组。

②重伤事故

由企业负责人或其指定人员牵头，企业生产、技术、安全、人事、保卫、工会、监察等有关部门的成员，会同上级主管部门负责人组成事故调查组。

（2）现场勘察

现场勘察是技术性很强的工作，涉及广泛的科技知识和实践经验，调查组对事故的现场勘察必须做到及时、全面、准确、客观。现场勘察的主要内容有：

①现场笔录

a. 发生事故的时间、地点、气象等。
b. 现场勘察人员姓名、单位、职务。
c. 现场勘察起止时间、勘察过程。
d. 设备、设施损坏或异常情况及事故前后的位置。
e. 能量失散所造成的破坏情况、状态、程度等。
f. 事故发生前劳动组合、现场人员的位置和行动。
g. 重要物证的特征、位置及检验情况等。

②现场拍照

a. 方位拍照，要能反映事故现场在周围环境中的位置。
b. 全面拍照，能反映事故现场各部分之间的关系。
c. 中心拍照，反映事故现场中心情况。
d. 细目拍照，提示事故直接原因的痕迹、致害物等。
e. 人体拍照，反映伤亡者主要受伤和造成死亡的伤害部位。

③现场绘制事故图

根据事故类别和规模以及调查工作的需要应绘出下列示意图：建筑平面图、剖面图；事故时人员位置及活动图；破坏物立体图或展开图；涉及范围图；设备或工具、器具构造简图等。

④事故资料

事故资料包括：事故单位的建筑业企业资质、安全生产许可证、营业证照及复印件；有关经营承包经济合同；事故单位的安全生产管理制度、安全培训教育记录、安全技术标准规程和安全技术交底；伤亡人员和肇事者的证件及工作情况；劳务用工注册手续；对证人的口述材料经本人签字认可，考证其真实性；事故现场示意图等。

### 3. 伤亡事故的分析

(1) 事故性质

①责任事故

是指由于人的过失造成的事故。

②非责任事故

是指由于人们不能预见或不可抗力的自然条件变化所造成的事故，或是在技术改造、发明创造、科学试验活动中，由于科学技术条件的限制而发生的无法预料的事故。但是，对于能够预见并可以采取措施加以避免的伤亡事故，或没有经过认真研究解决技术问题而造成的事故，不能包括在内。

③破坏性事故

是指为达到既定目的而故意制造的事故。对已确定为破坏性事故的，由公安机关认真追查破案，依法处理。

（2）事故原因

①直接原因

根据《企业职工伤亡事故分类标准》（GB 6441—86），直接导致伤亡事故发生的机械、物质和环境的不安全状态，以及人的不安全行为，是事故的直接原因。

②间接原因

技术和设计上的缺陷，教育培训不够、未经培训、缺乏或不懂安全操作技术知识，劳动组织不合理，对现场工作缺乏检查或指导错误，没有安全操作规程或不健全，没有或不认真实施事故防护措施，对事故隐患整改不利等原因，是事故的间接原因。

③主要原因

导致事故发生的主要因素是事故的主要原因。

（3）事故分析的步骤

①整理和阅读调查材料

根据《企业职工伤亡事故分类标准》（GB 6441—86）的附录 A，按以下七项内容进行分析：

a. 受伤部位，指身体受伤的部位。

b. 受伤性质，指人体受伤的类型。

c. 起因物，导致事故发生的物体、物质。

d. 致害物，指直接引起伤害及中毒的物体或物质。

e. 伤害方法，指致害物与人体发生接触的方式。

f. 不安全状态，指能导致事故发生的物质条件。

g. 不安全行为，指能造成事故的人为错误。

②确定事故的直接原因、间接原因、事故责任者

在分析事故原因时，应根据调查所确认的事实，从直接原因入手，逐步深入到间接原因，从而掌握事故的全部原因。通过对直接原因和间接原因的分析，确定事故中的直接责任者和领导责任者，再根据其在事故发生过程中的作用，确定主要责任者。

③制定事故预防措施

根据对事故原因的分析，制定防止类似事故再次发生的预防措施，在防范措施中，应把改善劳动生产条件、作业环境和提高安全技术措施水平放在首位，力求从根本上消除危险因素。

4. 事故责任分析

在查清伤亡事故原因后，必须对事故进行责任分析，目的在于使事故责任者、单位领导人和广大职工吸取教训，接受教育，改进工作。

事故责任分析可以通过事故调查所确认的事实，事故发生的直接原因和间接原因，有关人员的职责、分工和在具体事故中所起的作用，追究其所应负的责任；按照有关组织管理人员及生产技术因素，追究最初造成不安全状态的责任；按照有关技术规定的性质、明确程度、技术难度，追究属于明显违反技术规定的责任；对属于未知领域的责任不予追究。

根据对事故应负责任的程度不同，事故责任者分为直接责任者、主要责任者、重要责任者和领导责任者。对事故责任者的处理，在以教育为主的同时，还必须根据有关规定，按情节轻重，分别给予经济处罚、行政处分，直至追究刑事责任。对事故责任者的处理意见形成之后，企业有关部门必须尽快办理报批手续。

5. 结案处理

（1）事故报告书

事故调查组在查清事实、分析原因的基础上，组织召开事故分析会，按照“四不放过”的原则，即事故原因未查清不放过；事故责任人和职工不受到教育不放过；事故隐患不整改不放过；事故责任人不处理不放过，对事故原因进行全面调查分析，制定出切实可行的防范措施，提出对事故有关责任人员的处理意见，写成文字事故报告书，经调查组全体人员签字后报批。如调查组内部意见有分歧，应在弄清事实的基础上，对照法律法规进行研究，统一认识。对个别仍持有不同意见的允许保留，并在签字时写明意见。

在上报事故报告书时，应将下列资料作为附件，一同上报：

①企业资质证、安全生产许可证、营业执照复印件。

②事故现场示意图。

③反映事故情况的相关照片。

④事故伤亡人员的相关医疗诊断书。

⑤负责本事故调查处理的政府主管部门要求提供的与本事故有关的其他材料等。

（2）事故结案

有关机关审批事故调查处理结论后，方可结案。伤亡事故处理工作一般应当在90天内结案，特殊情况不得超过180天。对事故责任者的处理，应根据其情节轻重和损失大小，按规定给予处分。企业接到政府机关的结案批复后，进行事故建档，并接受政府主管部门的行政处罚。

事故档案登记应包括：

①职工重伤、死亡事故调查报告书。

②现场调查资料（记录、图纸、照片）。

③技术鉴定和试验报告。

④物证、人证调查材料。

⑤间接和直接经济损失。

⑥医疗部门对伤亡者的诊断结论及影印件。

⑦企业或其主管部门对该事故所作的结案报告。

⑧处分决定和受处理人员的检查材料。

⑨有关部门对事故的结案批复。

⑩事故调查组人员的姓名、职务、签字等。

## 7.3 工程安全事故的分析方法

对建设工程安全事故进行分析，是掌握安全事故发生的规律性趋势和各种内在联系的有效方法，对加强建设工程施工安全管理工作具有很好的决策和指导作用。

建设工程安全事故的分析方法很多，常用的有数理统计法、图表法、因果分析图法、故障树分析法。其中，图表法包括排列图法、控制图法、事故因果分析图法、故障树分析图法等。

数理统计方法是将安全事故统计调查工作所得到的数字资料加以汇总整理，做出各种统计表，对统计列表数字采用数理统计的方法进行安全生产的动态分析和控制的方法。建设部依据 1983～1987 年五年间发生的职工因工死亡的 810 起事故，进行了统计分析，得出发生高处坠落、触电、物体打击和机械伤害的 4 类事故占事故总数的 80.6%，而这 4 类事故又集中发生在脚手架、“三宝”“四口”防护、龙门架与井字架、施工用电、塔吊、施工机械及安全处理不善等 7 个方面。

图表分析法是将统计数字制成图表后，形象、直观地表达出事故的动态变化规律的方法。

### 7.3.1 排列图法

排列图（又称主次图、竖条图、台阶图等）是将事故发生次数的大小排列成图，直观地显示出事故类别的主次排位，见图 7-1。根据产生安全事故的各种原因，统计分析各种原因产生安全事故的频数，将影响安全的原因按其产生安全事故的频数从大到小依次排列在横坐标轴上，以安全事故的频数为纵坐标所绘制的图形叫排列图。这种图形首先是由意大利经济学家巴雷特（Pareto）

提出的，所以又称巴雷特图。在安全控制中，排列发生原因的频数，按大小次序排列，查找出影响安全的主要原因，制定相应措施，加以解决，从而确保工程安全施工。

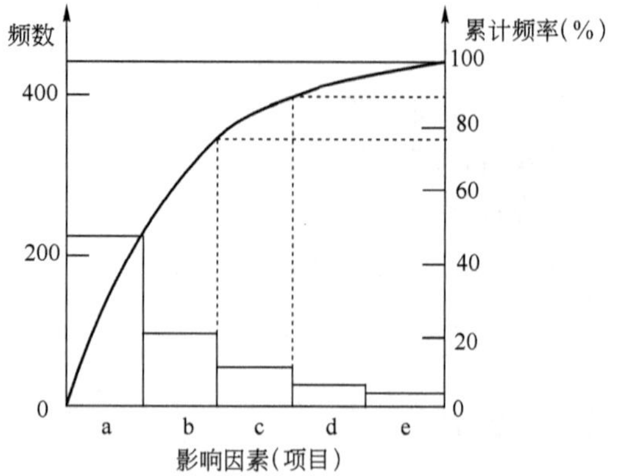


图 7-1 排列图

1. 排列图法的概念

排列图法是利用排列图寻找影响安全的主次因素的一种技术方法。排列图又称为巴雷特图或主次安全因素分析图。

排列图主要是由两个纵坐标、一个横坐标、直方形和一条曲线组成，右侧表示累计频率，左侧表示频数，横坐标表示影响安全的因素或项目，并按照影响程度的大小从左向右进行排列。在工程项目安全管理过程中，一般通过抽样检查或检验试验得到的安全问题、缺陷、偏差等统计数据，以及造成安全问题的原因分析统计数据，均可以采用排列图法进行描述。排列图具有直观、主次分明的显著特点。

2. 排列图法的应用

（1）数据的收集、整理

将所收集的数据进行整理，按照频数的大小进行排序，并分别计算出累计频数，将较小频数的项目归为其他项目。

（2）绘制排列图

左侧纵坐标为频数，右侧纵坐标为累计频数，横坐标为影响因素（或项目），按照整理的数据绘制排列图。

3. 排列图的观察与分析

（1）观察排列图

横坐标中的项目为影响因素（项目），其中，每个因素（项目）上部的直方形代表在该因素整个质量统计中所占的比例。

（2）分析排列图

将位于累计频率曲线0%～80%区间中的因素定为A类因素，即主要因素，应进行重点管理；将80%～90%区间中的因素定为B类因素，即次要因素，应确定为次要问题；将90%～100%区间中的因素确定为C类因素，即一般因素，按照常规方法适当加强管理。上述的方法称为ABC分类管理法。

例如：某工程公司十几年来安全事故的统计数据显示，施工过程中的50个安全事故是由6个原因造成的，如表7-1、表7-2所示。根据统计数据进行分析，试用排列图法得出施工安全的薄弱环节。

①收集数据

**工程现场检查数据汇总表** 表7-1

| 序　号 | 检 查 项 目 | 不合格点数 | 序　号 | 检 查 项 目 | 不合格点数 |
|---|---|---|---|---|---|
| 1 | 模板工程 | 5 | 4 | 钢筋加工 | 3 |
| 2 | 高空作业 | 24 | 5 | 机械事故 | 1 |
| 3 | 基坑施工 | 16 | 6 | 构件吊装 | 1 |

②整理数据

**不合格点数项目频数统计表** 表7-2

| 序　　号 | 检 查 项 目 | 频　　数 | 频率（%） | 累计频率（%） |
|---|---|---|---|---|
| 1 | 高空作业 | 24 | 48 | 48 |
| 2 | 基坑施工 | 16 | 32 | 80 |
| 3 | 模板工程 | 5 | 10 | 90 |
| 4 | 钢筋加工 | 3 | 6 | 96 |
| 5 | 其他 | 2 | 4 | 100 |
| 合 计 | | 50 | 100 | |

③绘制排列图

根据整理数据，绘制排列图。其中，频数和累计频率应与数据一一对应。每个影响因素的上部绘出直方形，并与频数吻合。

④排列图的分析与观察

从本公司安全统计的排列图（图7-2）中可以得出，安全的影响因素中，高空作业、基坑施工、模板工程、钢筋加工及其他的频数分别为24、16、5、3、2，其频率分别为48%、32%、10%、6%、4%，可根据累计频率的ABC分类管理法划分为A、B、C三个区。

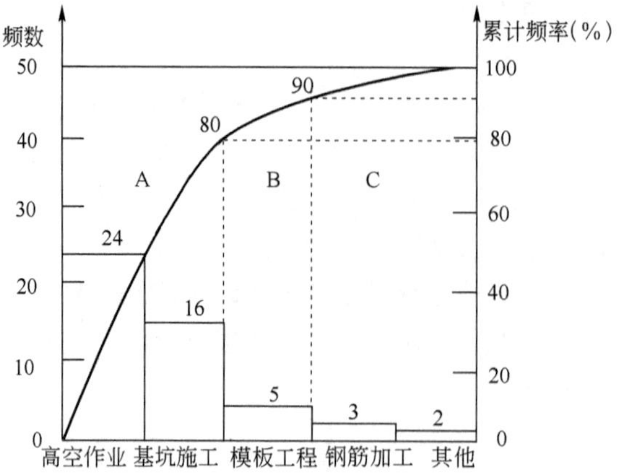

图 7-2 影响因素排列图

从排列图中可得出以下结论：高空作业、基坑施工为A类因素，即需要重点控制。模板工程处于B区，属于次要因素，应作为次重点管理。钢筋加工和其他项目处于C区，属于一般问题，按照常规适当加强管理。综合上述分析，工程公司应重点进行A类因素的管理，加强高空作业、基坑施工的安全控制。

### 7.3.2 管理图法

管理图亦称控制图，是指根据分析和管理的需要，作出几条年事故发生情况曲线，例如事故最多年、事故最低年、几年平均和当年的月统计事故曲线，见图7-3，通过比较可知当年的事故发生的水平情况，并采取相应控制措施。

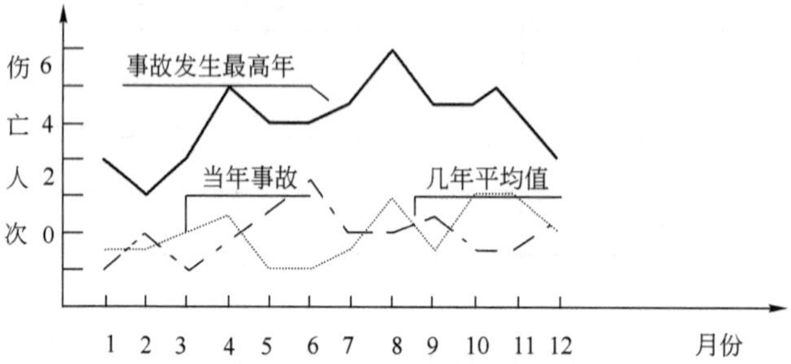

图 7-3 安全事故管理图

### 7.3.3 因果分析图法

事故因果分析图是将导致事故的各种因素进行统计分析，按其作用方向和因果关系，用简明的文字和箭线绘出的某类事故引起原因的结构图。因其图形像一条完整的鱼骨刺，故也称为“鱼刺图”，如图7-4所示。

（1）因果分析图法，也称为质量特性要因分析法，其基本原理是对每一个质量

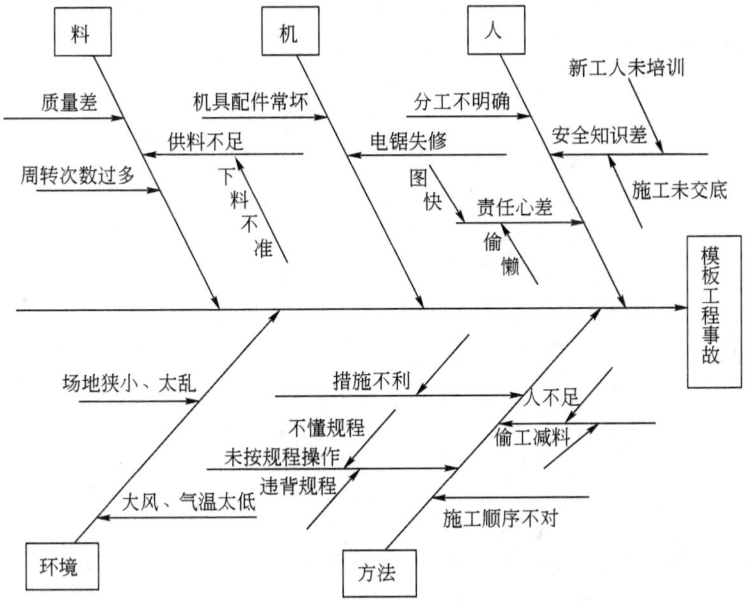


图 7-4　模板工程伤害事故因果分析图

特性或问题，采用如图 7-4 所示的方法，逐层深入排查可能原因，然后确定其中最主要原因，根据原因进行有效的处置和控制。图 7-4 进行了模板工程的安全因素分析，其中，第一层面从人、机械、材料、施工方法和施工环境进行分析；第二层面、第三层面，依此类推进行。

（2）使用因果分析图法时，应注意的事项是：

①一个质量特性或一个质量问题使用一张图分析；

②通常采用 QC 小组活动的方式进行，集思广益，共同分析；

③必要时可以邀请小组以外的有关人员参与，广泛听取意见；

④分析时要充分发表意见，层层深入，列出所有可能的原因；

⑤在充分分析的基础上，由各参与人员采用投票或其他方式，从中选择 1～5 项多数人达成共识的最主要原因。

### 7.3.4　故障树分析法

故障树分析法是从事故开始，按生产工艺流程以及因果关系，逆时序地进行分析，最终找到事故的起因。这种方法可用于定性分析，也可以用于定量分析，能够找到事故的起因和各种潜在的因素，便于对安全事故进行系统地预测和控制。图 7-5 是从脚手架上坠落死亡事故的故障树分析图，图中符号意义见表 7-3。

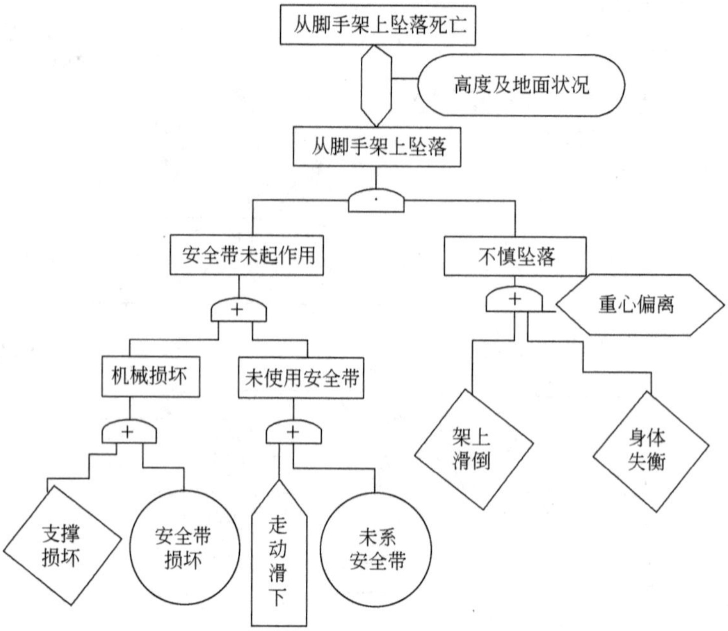


图 7-5　坠落死亡事件故障树

**故障树分析法常用符号及意义**　　表 7-3

| 种类 | 名称 | 符　号 | 说　明 | 表 达 式 |
|---|---|---|---|---|
| 逻辑 | 与 | 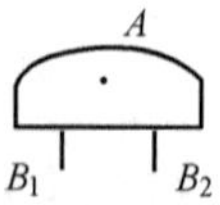 | 表示输入事件 $B_1$、$B_2$ 同时发生时，输出事件 $A$ 才发生 | $A=B_1 \cdot B_2$ |
| | 或 | 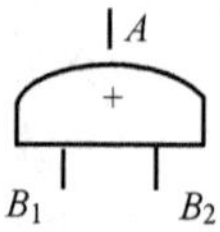 | 表示输入事件 $B_1$ 或 $B_2$ 中任何一个事件发生时，输出事件 $A$ 就会发生 | $A=B_1+B_2$ |
| | 条件与 | 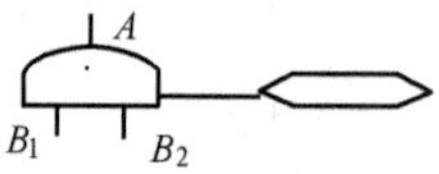 | 表示 $B_1$、$B_2$ 同时发生并满足该条件时，输出事件 $A$ 才会发生 | |
| | 条件或 | 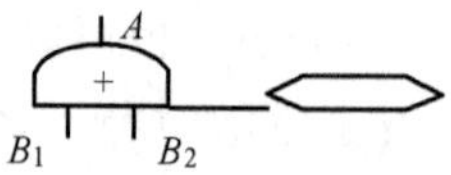 | 表示 $B_1$ 或 $B_2$ 任何一个事件发生并满足该条件时，$A$ 才会发生 | |

续上表

| 种类 | 名称 | 符　号 | 说　明 | 表达式 |
|---|---|---|---|---|
| 事件 | 矩形 |  | 表示顶上事件或中间事件 | |
| | 圆形 | 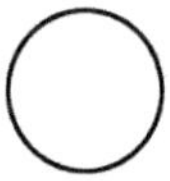 | 表示基本事件，即发生事故的基本原因 | |
| | 屋形 | 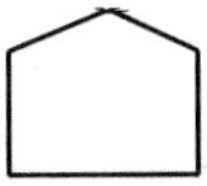 | 表示正常事件，即非缺陷事件，是系统正常状态下存在的正常事件 | |
| | 菱形 | 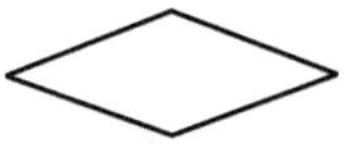 | 表示事件信息不充分，不能进行分析或没有必要进行分析的省略事件 | |

## 复习思考题

1. 工程安全事故的特点、原因是什么？
2. 试述工程安全事故分类的方法。
3. 试述工程安全事故调查处理的程序和方法。
4. 试述工程安全事故处理“四不放过”的内容。
5. 试述工程安全事故调查处理报告的内容。
6. 试述工程安全事故的分析方法——排列图法的绘制步骤。

# 第8章 公路工程安全管理案例分析

本章概要

掌握事故处理结论；熟悉不同工程安全事故发生的原因；了解安全事故发生的经过。

## 8.1 某拆除工程中发生的坍塌事故

### 8.1.1 事故经过

1994年4月22日，某公路工程处第三项目经理部在某立交桥施工期间，在对立交桥作业区域内原有厂房拆除过程中，发生了一起因被拆除的建筑物坍塌，导致2人死亡的事故。

建设单位委托第三项目经理部进行3000m$^2$厂房拆除工程的施工，并要求4月底前拆完。完成条件是第三项目经理部向建设单位上交4万元，拆除下来的钢筋由第三项目经理部支配。项目经理K在工期紧（由最初合同工期24个月，压减到最终的10个月工期）、项目自身无能力进行此项拆除工程和民工队负责人L多次要求承包此项拆除工程的情况下，最终将此项工程分包给了L民工队。条件是以拆除下来的钢筋作为支付L拆除施工的工程款，并于3月27日签订了合同书。

厂房是砖混结构的二层楼房。施工人员为了能以最小的投入获取最多的收益（旧钢筋），并未支搭拆除工程施工脚手架，而是站在被拆除厂房的楼板上，用铁锤进行作业。4月22日，厂房只剩最后一间约16m$^2$的休息室，民工L、H和C站在休息室的天花板（二楼地板，二楼已被拆除）上，继续用铁锤捶击。下午16：45左右，房屋中心部位的天花板水泥已基本脱落，民工L、H和C仍用铁锤捶击暴露出来的钢筋，致使天花板呈V字形折弯，继而拉倒两侧墙壁，C及时跳下逃生，L和H被迅速缩口的天花板V字形折弯包夹。L在送往医院途中死亡，H在经医院抢救1小时后死亡。

### 8.1.2 事故原因

1. 技术方面

作业人员未支拆除工程施工脚手架，站在被拆除建筑物上进行拆除作业，违反了拆除工程施工操作规程，是导致此次事故发生的直接原因。

2. 管理方面

（1）建设单位未在拆除工程施工前向建设行政主管部门报送材料和备案。

（2）在资质管理方面存在一系列的不规范行为。建设单位、施工项目及民工作业队都视国家关于拆除工程的资质要求于不顾，任意委托或分包。

（3）在没有厂房图纸及技术资料的情况下，该项目负责人就允许拆除工程开工，未对拆除工程进行专门的书面的安全技术交底，未以书面形式明确拆除方案。

（4）该工程处及其第三项目部的安全教育、安全检查制度不落实，对主体工程以外的部位和民工作业队的安全管理存留死角，连续 20 多天的典型严重违章作业没有被发现、没有被制止。

### 8.1.3 事故处理结论

1. 事故主要原因

本次事故是由于违法发包、转包给无资质的个人施工，致使现场管理混乱，违章作业，在无拆除工程施工方案的情况下，冒险蛮干。

2. 事故性质

本次事故属责任事故。建设单位违法发包、项目经理部违法转包、无资质个人承包、无施工方案、无现场监管等都是严重的不负责任，最终导致事故的发生。

3. 主要责任

（1）带领他人违章作业的个人承包人是造成事故的直接责任者。

（2）建设单位和施工单位均违反《建筑法》规定，不按规定组织拆除工程施工，导致现场混乱、失管失控。因此，建设单位负责人、具体组织人员和第三项目经理以及该公路工程处法定代表人都应负责任。

通过这一案例，可以得到以下启示：

（1）建设、施工单位等各方都应当加强对相关安全法律、法规的学习并严格执行。按照《建筑法》、《建设工程安全生产管理条例》的规定，该由建设单位负责的工作不能转嫁给施工单位，施工单位要合法分包，拆除工程施工要履行严格的手续，制订安全可行的拆除方案。依据《建筑法》、《建设工程安全生产管理条例》，建设单位应当将拆除工程发包给具有相应资质等级的施工单位。建设单位应当在拆除工程施工 15 日前，将施工单位资质等级证明，拟拆除建筑物、构筑物及可能危及毗邻建筑原说明，拆除施工组织方案，堆放、清除废弃物的措施等报送建设工程所在的县级以上地方人民政府建设行政主管部门或其他有关部门备案。

（2）在公路水运工程施工现场我们不能仅把安全监管的注意力集中在主体工程的施工上，在拆除工程施工、临时设施等施工项目上发生的事故也很多。施工单位必须加强全员、全过程、全方位的安全管理，认真落实包括劳务队伍在内的各类人员的安全培训教育，落实安全技术交底工作，并保证现场安全监控不留死角。

## 8.2 某路基施工中发生的压路机倾翻事故

### 8.2.1 事故经过

1993 年 9 月 6 日，某项目经理部在进行路基填方作业收工时，发生了一起压路机倾翻事故，导致 1 人死亡。

8 月 22 日，该项目开始对 K174＋200 处深沟（沟深 45m，需填土方 5 万 $m^3$）进行路基填方施工。当日，项目主要负责人在现场对现场负责人兼压路机驾驶员 Y 做了施工任务和施工方法的布置安排。即：深沟填方采用机械施工，用推土机开一条便道（180m，27°）连接沟底和地面，由一台推土机用钢丝绳拖拽一台装载机、一台压路机经便道下到沟底。施工方法是由推土机向沟下推土，压路机、装载机在沟下作业。项目领导曾口头交代机械送下去以后，不准再开上来，加油加水、机械故障维修都在沟底进行。机械将随着大沟的填方上升，直到填平到位，自然升至地面（期间，人员步行上下班）。

9 月 6 日下午 18∶30 现场收工，在与 Y 配合作业的装载机驾驶员 W 向 Y 请示交代完工作步行回驻地之后，Y 私自驾驶压路机返回驻地。当爬到距沟底 40 多米（即将到地面时），压路机失去动力，开始下滑，至距沟底 28m 拐弯处发生侧翻，Y 被变形的驾驶室与方向盘卡住胸部。当其被 W 发现时，脸已被憋得红紫肿胀。因无营救办法，W 只能眼睁睁地看着 Y 死去，其间大约经历了 5 分钟。

### 8.2.2 事故原因

1. 技术方面

（1）压路机检修保养不及时，技术性能不符合标准。

（2）上下沟的便道坡度过大，不符合规定。

（3）压路机驾驶员违反操作规程，驾驶压路机爬陡坡（27°，一般应不超过8°～9°）。正是由于这个原因使压路机负荷过大，液压驱动马达供油管路破裂，导致压路机失去动力，下滑倾翻。

2. 管理方面

（1）项目经理部没有机械管理制度和压路机操作人员的安全操作规程，对机械设备管理不严。

（2）缺少专门的管理人员进行现场指挥和监督。

（3）项目经理部在明知深沟填土施工危险性大的情况下，不做专门的安全施工方案，安全管理措施笼统且未形成有效文件。

（4）该项目经理部对违章行为不作查处。在此事故前曾有过将机械设备从沟底开到地面的事件，项目负责人只是做了口头批评，并没有处理和通报，更没有进一步采取监控措施加以限制，纵容了违章行为。

### 8.2.3 事故处理结论

1. 事故主要原因

项目经理部忽视安全管理，安全规章制度不齐全，现场安全监管不到位，操作人员冒险驾驶压路机爬陡坡，造成机械故障而引发事故。

2. 事故性质

本次事故属于责任事故。该项目经理部忽视安全管理，在安全规章制度、操作规程、安全预防措施的制定和现场管理、机械管理、人员管理以及纠正、查处违章现象上均存在明显缺陷，导致事故发生。

3. 主要责任

（1）压路机驾驶员违反操作规程驾驶压路机爬陡坡，是引发事故的直接责任者。

（2）项目负责人忽视安全管理，各项安全措施不落实，安全生产条件不具备，应负直接领导责任。项目经理部安全等相关部门管理、监督不到位，应负相应的管理责任。公司主要负责人负全面领导责任。

通过这一案例，可以得到以下启示：

（1）全面依法制定和完善安全规章制度，按照工种和现场实际情况细化安全操作规程和安全控制措施以及事故应急救援预案，并认真执行。国家有关法律、法规规定施工现场的安全生产管理由总承包单位负责。所以对劳务公司人员资格和安全技能、行为必须严格审核、监督，对其设备的安全技术性能和使用情况必须严格把关和监督。

（2）施工现场必须设置专门的管理人员进行指挥和管理。安全重点环节、部位等应派专职安全管理人员跟班监督检查。

（3）对事故隐患和违章行为责任者要进行严肃处理，进行全面而有针对性的安全培训教育，提高安全责任意识，并且培训后经考核合格后方准上岗。

## 8.3 WH 公路大桥工程中的翻船事故

### 8.3.1 事故经过

某公路工程公司第四项目经理部在 WH 公路大桥施工中，发生了一起渡船翻倾事故，造成 1 人淹溺死亡。

1989 年 6 月 10 日，WH 地区刮起了 5～6 级大风。该公路工程公司第四项目经理部领导研究决定：因风大，全队放假 3 天，主要领导去市里联系工作，购买机械配件。6 月 11 日，领导出发后，风力渐渐变弱了。中午 12：40，该队职工 G（有船工证，负责出水桩头的处理和驾驶渡船）吃过午饭后，想起江中某桩头还没有处理完，就叫上一名工人同他一起上了船，径直向目标前进（与水流方向呈 90°角，属于违章行为），当行至距岸边约 150m 处，风力突然加强，江水流速加快，渡船尚未来得及调整行驶方向，已经被掀翻。船上二人同时落水。码头上值班人员发现后，急忙呼救，项目部的职工沿着江水往下大约追出 400m 时，在岸边浅水水面上发现了那名工人，对其施行抢救，其他人继续往下追。追出大约 2km 后，仍不见 G 的影子，遂放弃了追赶，改为在江两岸寻找。寻找工作同样没有结果。直到 6 月 12 日下午 16：00 左右，G 的尸体才被下游 2km 左右的某村村民在一个水湾中发现。

### 8.3.2 事故原因

1. 技术方面

G 违反操作规程，在禁止行船的大风情况下驾船，并不按规定航线，不按规定的逆水角度前进，人员未穿救生衣，导致死亡事故发生。

2. 管理方面

（1）领导全部离开项目经理部，且未指派人员负责项目经理部工作，使项目经理部处于无人管理状态。

（2）该项目经理部没有完善的渡船安全管理规定和船工安全技术操作规程以及渡船管理人员的职责规定。虽然项目领导研究决定全体职工放假 3 天是出于对安全生产的考虑，但并没有明确强调不准开行渡船，致使看守渡船码头的人员无法制止

G 的出船行为。

（3）疏于对职工的安全教育，安全意识淡漠。

### 8.3.3 事故处理结论

1. 事故主要原因

项目经理部安全管理有漏洞，安全规章制度不齐全，船舶码头管理人员职责不清，现场安全监管不到位，发生事故前后项目部处于无人指挥状态，驾船者违章行船偏离航线，逆水角度不符合规定而引发事故。

2. 事故性质

本次事故属于责任事故。该项目经理部安全管理有漏洞，安全规章制度不齐全，重点部位安全控制措施和手段不到位，项目领导不在岗的情况下没有指派专人负责。同时，缺乏对船舶等特种设备及其人员的安全管理，导致事故发生。

3. 主要责任

（1）船舶驾驶员违反操作规程驾驶船舶，是引发事故的直接责任者。

（2）项目主要负责人失位，导致现场处于无人指挥状态。该项目安全规章制度不齐全，管理职责不清，各项安全措施不落实。因此，项目主要负责人应负主要领导责任。公司主要负责人对安全工作以及项目主要负责人疏于管理，负全面领导责任。

通过这一案例，可以得到以下启示：

（1）根据施工过程，全面进行危险源辨识和重大危险源评价工作。并针对重大危险源制定详细的安全控制措施，明确相关人员的职责。重点部位应有项目部派出管理人员现场监控。

（2）项目经理部建立领导值班制度，并认真执行。项目主要负责人要坚守岗位。需要外出时，应委托其他领导负责项目的各项活动，并向全项目经理部人员宣布。

（3）进行全员安全培训教育，要求企业职工不仅要有主人翁意识和责任感，还要在工作时讲科学，按照安全规程进行施工，保证施工人员的生命安全、保护国家、企业财产。

## 8.4 某道路工程触电事故

### 8.4.1 事故经过

某道路施工单位发生一起触电事故，造成 1 人死亡。

1996 年 9 月 21 日晚 9 时 40 分左右，某施工单位职工张某下班后提水桶到锅炉处去打水冲澡，因嫌人多排队，水龙头放水太慢就私自到抽水泵处用水泵直接往桶里抽水，当张某开启水泵电源开关时，由于光线昏暗，闸刀盒开关下部无防护盖，右手触摸到裸露的线头上，当场触电死亡。

### 8.4.2 事故原因

1. 技术方面

(1) 按照《施工现场临时用电安全技术规范》(JGJ 46—88) 的规定，施工现场所有的闸刀盒要完整无缺，要配有开关箱，实行“一闸一箱”，并上锁有专人管理。但是该单位现场的闸刀开关一无开关箱，二不完整，三无专人管理。任何人要抽水都可以随意推上开关取水。

(2) 按照规范要求，抽水房的灯光设置要明亮，但该现场却没有灯光照明，一片昏暗，看不清闸刀开关是否完整。

2. 管理方面

(1) 该工地没有制定“抽水管理规定”。用电混乱，未实行“一闸一箱”制度，闸刀开关露天设置，防护盖不完整，也无灯光照明，线头裸露，埋下隐患。

(2) 缺乏日常监督检查和维修，管理人员对隐患视而不见，用电隐患未能及时发现和排除。

(3) 职工张某安全意识淡薄，麻痹大意，违反劳动纪律，不认真观察闸刀开关是否完整，盲目去推闸刀，导致触电死亡。

### 8.4.3 事故处理结论

1. 事故主要原因

本次事故是由于施工现场临时用电不规范，抽水闸刀开关有缺陷，无照明灯光，张某违反劳动纪律，私自抽水触摸到裸露线头导致触电死亡。

2. 事故性质

本次事故属责任事故，现场临时用电管理混乱，隐患未能及时解决。

3. 主要责任

(1) 职工张某私自到水泵处准备抽水，在无灯光照明的情况下，不注意观察，麻痹大意，贸然用手去推开关，导致触电死亡，应负直接责任。

(2) 项目负责人不按用电规范制定管理规定，对电气开关不符合要求又没有提出整改意见，现场管理失控导致触电事故发生，应负全面管理不到位责任。

(3) 该项目的专业电工人员对临时用电不检查，不整改，对明显存在的隐患不立即纠正，应负一定的责任。

通过这一案例，可以得到以下启示：

(1) 项目负责人不能只重视生产第一线的安全问题，还要重视职工生活区的安全用电及生活问题。施工现场的临时用电必须规范，应按用电规范制定管理规定，对不符合要求的电气开关要提出整改意见，对临时用电要编制管理方案。

(2) 专职电工要有高度责任心，要对项目的各种临时用电勤检查、勤维修、勤整改，确保用电安全。

(3) 项目部的每一个职工都要遵守劳动纪律，学习安全用电知识。发现电气隐患，立即报告项目负责人或专业电工，防止触电事故的发生。

## 8.5 某桥梁工程挂篮坠落事故

### 8.5.1 事故经过

某桥梁工程单位在施工过程中，由于起吊物件撞倒支撑挂篮后侧锚固的千斤顶，导致挂篮整体翻坠，造成4人死亡。

1996年7月15日上午9点，某桥梁工程进行挂篮施工的准备工作，浮箱上的起吊机往0号块桥面上吊运万能杆件（吊物质量为1.5t，长2m），当吊物上升到挂篮左侧上方时，站在0号块上的指挥人员指示吊车主臂向右旋转，以使吊物绕过挂篮落位于桥面上。在吊臂旋转的过程中，吊物的一端突然碰撞到支撑锚固蹬筋的千斤顶，并把千斤顶打倒，致使挂篮的两组后锚从横梁两端滑脱，挂篮失稳，整体从20m的高处坠落，正在挂篮上进行作业的7人随同挂篮一同坠入江中，3人获救，4人溺水身亡。

### 8.5.2 事故原因

1.技术方面

(1) 在建设单位对工期一再要求提前的情况下，施工单位组织“挂篮施工大会战”。为了赶进度，在没有制定“挂篮施工工艺方案”的情况下，仓促进行挂篮施工。作业现场多项工作齐头并进，管理十分混乱。该施工单位在安全与进度发生矛盾时，无奈地选择了“进度第一”，严重忽视了安全生产工作。

(2) 按照挂篮施工设计要求，对挂篮的四个锚固点均应进行锚固，但为了省事，该挂篮只锚固了两个点。对此，工程负责人及现场技术人员视而不见，不检查、不纠正。造成挂篮整体稳定性差，埋下事故隐患。

(3) 吊车驾驶员在起吊作业过程中，看不见指挥人员的手势和信号（指挥吊车者无手旗和哨子），当吊物偏移视线完全被挂篮挡住时，驾驶员仅凭感觉操纵旋转吊车主臂，根本看不见吊物所在的高度和位置，盲目操作，导致事故发生。

2. 管理方面

(1) 该工地管理混乱，既未编制“挂篮施工方案”，也未进行安全技术交底，匆忙组织大会战，忽视安全生产。

(2) 施工负责人与现场技术人员，对存在问题和隐患不检查、不纠正，使隐患未能得到及时解决。

(3)《安全生产法》要求在进行吊装等有较大危险的作业时，必须有专人指挥，但该工地指挥吊车人员没有明显的指挥信号，当吊物进入吊车驾驶员看不见的“盲区”时，依然指挥主臂旋转，严重违反了操作规程。

### 8.5.3 事故处理结论

1. 事故主要原因

本次事故的主要原因是该项目未认真编制“挂篮施工方案”，为赶工期盲目进行大会战，违章指挥，使吊物碰撞千斤顶导致挂篮失稳坠落，人员死亡。

2. 事故性质

本次事故属责任事故。项目负责人急于赶工期，组织大会战，指挥人员违章指挥，吊车驾驶员违章操作，对现场存在的隐患未能及时整改。

3. 主要责任

(1) 项目负责人不按施工规范编制挂篮施工方案及进行安全技术交底，抢进度、赶工期，盲目组织大会战，应负主要领导责任。

(2) 吊车指挥人员违章指挥，信号不明，判断失误，应负直接责任。

(3) 吊车驾驶员违章操作，严重违反操作规程，凭感觉盲目操作，应负直接责任。

通过这一案例，可以得到以下启示：

(1) 对建设单位提出的不合理、不符合施工客观规律的要求，要冷静对待，谨慎行事，不能盲目顺从而赶工期、抢进度，在工期与安全发生矛盾时，必须把安全生产放在首位。

(2) 尊重科学和客观规律，认真编制施工方案并要按《安全生产法》要求进行安全技术交底，在进行吊装等有较大危险的作业时，必须有专人指挥，对施工的重点部位要进行专项安全检查并对事故隐患进行整改和纠正。

# 8.6 某桥梁工程火灾事故

## 8.6.1 事故经过

某桥梁施工单位工地发生了一起因烘烤潮湿木板，烧毁 14 间职工住房的重大火灾事故，直接经济损失 3 万余元，幸无人员伤亡。

1993 年 3 月 11 日，某桥梁施工单位的一名职工在自己的住房内用碘钨灯（1000W）烘烤潮湿木板，上班时忘记将插头拔下，致使木板着火，引燃被褥，大火很快蔓延。该市消防中队接到火警后，立即派出 4 辆消防车前来灭火，但施工现场未设置消防栓，无法取水灭火，最终导致 14 间职工住房全部烧毁。

## 8.6.2 事故原因

### 1. 技术方面

（1）职工住地临建工程比较简陋。该单位施工现场职工住宅全部采用毛竹、席子、油毡等易燃材料搭建。一旦发生火灾，火势蔓延极快，且不易扑灭。

（2）该单位临建住房整体布局规划不合理，每排住房间距不足 3m，且两排房之间还搭建有临时厨房，通道仅供人员行走，消防车开不进去。

（3）没有预留消防栓，消防车赶来时无法取水灭火，丧失了最佳灭火时间，致使大火蔓延。

### 2. 管理方面

（1）该施工单位没有制定防火管理措施和应急预案，也没有在住宅区配备必要的消防器材和工具，项目负责人也没有对职工住宅区进行安全防火监督检查，疏于管理。

（2）职工消防意识淡薄，违反劳动纪律私自在住房内用大功率碘钨灯烘烤潮湿木板，也无人劝说和制止，是本次火灾事故的直接原因。

## 8.6.3 事故处理结论

### 1. 事故主要原因

本次事故的主要原因是职工王某私自用碘钨灯在室内烘烤潮湿木板，忘记拔下插头，引起木板燃烧继而导致火灾蔓延扩大。

2. 事故性质

本次事故属于责任事故。该单位的负责人忽视消防安全，既未制定防火措施，也未配备消防器材，更未对职工进行防火宣传和教育，管理松懈，个别职工纪律散漫，私用电气，导致火灾蔓延。

3. 主要责任

（1）施工单位负责人临建工程选材失误，住宅布局不合理，没有消防通道，不设置消防栓，不配备灭火器，未制定防火应急措施和方案，应负领导责任。

（2）职工王某违反劳动纪律，防火意识淡薄，麻痹大意，应负直接责任。

通过这一案例，可以得到以下启示：

（1）施工临建工程，特别是职工住宅，必须是砖混结构，从源头上堵塞火灾漏洞。

（2）临建住房要统一规划，布局合理，预留消防通道，设置消防栓，还要配备一定数量的消防器材，并教会职工使用灭火器。

（3）要编制防火应急预案，健全各级安全生产责任制，要定期对消防安全和施工用电进行安全检查，使消防工作从思想上、组织上、措施上得到落实。

（4）加强对职工的消防安全教育，严格制度管理，对违反劳动纪律的要进行严肃处理。

## 复习思考题

1. 拆除工程应注意的主要安全事项是什么？
2. 施工时如何落实安全防火措施？
3. 施工现场安全用电的要求是什么？

# 参 考 文 献

[1] 中华人民共和国国家统计局.1998～2004《国民经济和社会发展统计公报》
[2] 中华人民共和国国家统计局. 统计信息（2005 年 4 月 29 日）
[3] 建设部. 2003 年全国建设系统伤亡事故综合统计报表二（建筑施工事故）
[4] 建设部. 全国建筑施工安全生产形式分析报告（2004 年度）
[5] 建设部. 1995～2004 年全国建筑施工三级以上事故统计表
[6] 国家安全生产监督管理局. 2003 年 1～11 月全国安全生产形势通报
[7] 方东平，黄新宇等. 建筑业安全事故经济损失研究. 建筑经济，2000.3
[8] 方东平，黄新宇，Jim-mie-Hinze. 工程建设安全管理. 北京：中国水利水电出版社，2001
[9] 张土乔，王直民，S. LTang. 香港建筑安全管理中的安全投入与收益研究简介. 建筑经济，2003.11
[10] 罗云，程五一. 现代安全管理. 北京：化学工业出版社，2004.3
[11] 曲和鼎. 安全系统工程概论. 北京：化学工业出版社，1988
[12] 建设部工程质量安全监督与行业发展司. 建设工程安全生产管理. 北京：中国建筑工业出版社
[13] 香港建造商会. 建筑工程安全文件摘要——私营机构应如何促进工地安全. 建筑工程文件
[14] 刘铁民. 迈向新世纪的中国劳动安全卫生——二十一世纪安全生产宏观战略研究. 北京：中国社会出版社，2000
[15] 潘承仕，张仕廉. 安全管理对建筑工程项目管理的意义. 建筑经济，2003.12
[16] 郑一方. 工伤保险与职业安全卫生监察的有机结合——介绍澳大利亚新南威尔土州的工伤保险制度. 劳动保护，2000.1
[17] 方东平，陈浩等. 建筑业意外伤害保险需求研究. 保险研究，2003.1
[18] 黄盛仁. 20 世纪 90 年代我国企业安全生产的投入分析与研究. 中国安全科学学报，2002.10
[19] 方东平，黄新宇等. 建设项目安全投入与安全业绩分析. 建筑经济，2001.3
[20] 徐少斗. 法国的安全生产管理与培训. 建筑经济，2000.2
[21] 方东平，宋虎彬，国岛正彦. 日本建筑安全的现状与发展. 建筑经济，2001.10
[22] 王洪. 日本施工现场的安全管理. 建筑管理现代化，1998.4
[23] 周国银. 安全中介组织和安全服务产业化发展的现状与趋势. 安全，2001.1

[24] 杨国顺．政府对安全生产实施监督管理的职责．劳动保护，2002.9
[25] 纪明波．当前我国安全管理存在的问题分析及对策探讨．中国安全科学学报，2003.6
[26] 杜荣军．建设工程安全管理10讲．北京：机械工业出版社，2005.1
[27] 张仕廉，董 勇，潘承仕．《建筑安全管理》．中国建筑工业出版社，2005.9
[28] 杨悦新．安全应该成为现代行政理念．法制日报，2004.2.9
[29] 任宏，兰定筠．《建设工程施工安全管理》．中国建筑工业出版社，2005.4
[30] 张继丰．完善建筑职工意外伤害保险制度研究．建筑经济，2003.8
[31] 李世蓉．兰定筠．建设工程安全生产管理条例实施指南．北京：中国建筑工业出版社，2004
[32] 胡适时．安全生产法释义．北京：中国物价出版社，2002
[33] 建设工程安全生产管理条例．北京：中国建筑工业出版社，2003.12
[34] 徐德蜀．安全科学与工程导论．北京：化学工业出版社，2004.4

**图书在版编目（CIP）数据**

公路工程安全管理 / 张国志，刘浪主编. — 北京 ：人民交通出版社，2007.1

ISBN 978-7-114-06320-6

Ⅰ. 公… Ⅱ. ①张… ②刘… Ⅲ. 建筑工程—工程施工—安全管理 Ⅳ. TU714

中国版本图书馆 CIP 数据核字（2006）第 146688 号

**书　　名**：公路工程安全管理
**著 作 者**：张国志　刘　浪
**责任编辑**：王　霞
**出版发行**：人民交通出版社
**地　　址**：（100011）北京市朝阳区安定门外外馆斜街 3 号
**网　　址**：http：//www.ccpcl.com.cn
**销售电话**：（010）85285838，85285995
**总 经 销**：北京中交盛世书刊有限公司
**经　　销**：各地新华书店
**印　　刷**：北京虎彩文化传播有限公司
**开　　本**：787×980　1/16
**印　　张**：12.75
**字　　数**：241 千
**版　　次**：2007 年 1 月　第 1 版
**印　　次**：2021 年 7 月　第 2 次印刷
**书　　号**：ISBN 978-7-114-06320-6
**定　　价**：18.00 元